Cordula Nussbaum

LASS MAL ANDERE ARBEITEN!

Cordula Nussbaum

Lass Mal Andere Arbeiten!

Wie Du Aufgaben
gekonnt abgibst

Externe Links wurden bis zum Zeitpunkt der Drucklegung des Buches geprüft.
Auf etwaige Änderungen zu einem späteren Zeitpunkt hat der Verlag keinen Einfluss.
Eine Haftung des Verlags ist daher ausgeschlossen.

Bibliografische Information der Deutschen Nationalbibliothek

Die Deutsche Nationalbibliothek verzeichnet diese Publikation in der
Deutschen Nationalbibliografie; detaillierte bibliografische Daten
sind im Internet über http://dnb.d-nb.de abrufbar.

ISBN 978-3-96739-013-1

Lektorat: Anja Hilgarth, Herzogenaurach
Umschlaggestaltung: total italic (Thierry Wijnberg), Amsterdam / Berlin | www.totalitalic.com
Autorenfoto: Raffael Fastner
Illustrationen: Ronja Fastner
Satz und Layout: Lohse Design, Heppenheim | www.lohse-design.de
Druck und Bindung: Book-on-Demand, Norderstedt

© 2020 GABAL Verlag, Offenbach
Alle Rechte vorbehalten. Vervielfältigung, auch auszugsweise,
nur mit schriftlicher Genehmigung des Verlags.

Wir drucken in Deutschland.

www.gabal-verlag.de
www.facebook.com/Gabalbuecher
www.twitter.com/gabalbuecher

PEFC zertifiziert
Dieses Produkt stammt aus nachhaltig
bewirtschafteten Wäldern und kontrollierten
Quellen.

www.pefc.de

Inhalt

Vorwort 7

Einleitung:
Quillt Dein Krug über? 9

Der Check:
Wie gut bist Du im Abgeben? 19

Innere Haltung –
Schlüssel zu Top oder Flop 26

Mehr Fakten, bitte! 68

Klare Prioritäten –
die unverzichtbare Grundlage 97

Die Fünf Goldenen Prinzipien
für erfolgreiches »Tu Du!« 105

Leg los! 197

Mehr Impulse von Cordula Nussbaum 199

Über Cordula Nussbaum 202

Quellenverzeichnis 204

Vorwort

Liebe Leserin, lieber Leser,

ich beginne mit einem Geständnis: Ich habe dieses Buch selbst geschrieben. Ja, ich gebe zu, dass ich damit den Titel des Buches ad absurdum führe. Denn wie vorbildlich wäre es gewesen, wenn ich mal andere hätte arbeiten lassen. Wie entspannt wären mein Januar, Februar und März 2020 verlaufen, wenn jemand anderer die Arbeit übernommen und das Buch geschrieben hätte. Was hätte ich in dieser Zeit nicht alles machen können! Fallschirmspringen lernen. Eine Weltreise machen. Geld verdienen mit (Online-)Vorträgen und Seminaren. Das komplette Haus malern. 200 Podcast-Episoden produzieren. 30 Romane lesen. Den Jakobsweg gehen. Einfach mal nichts tun und das Motto meines zweiten LMAA-Buches leben – Lass Mal Alles Aus!

Ja, ich habe auch dieses Buch wieder selbst geschrieben. Warum? Das verrate ich Dir in der Einleitung des Buches.

Hast Du auch immer wieder Aufgaben zu erledigen, die »eigentlich« auch ein anderer übernehmen könnte? Sei es im Beruf, wo Du Entlastung bei Kollegen, Dienstleistern oder – als Führungskraft – bei Deinen Mitarbeitern suchen und finden könntest. Sei es im privaten Alltag, in dem Du gut und gerne an Deinen Partner, Deine Partnerin, Deine Kinder oder an Menschen aus Deinem Netzwerk abgeben könntest. Aber es nicht tust!

Bis jetzt! Denn jetzt hast Du »Lass Mal Andere Arbeiten« in der Hand. Und ab sofort ist Schluss damit, dass Du der Aufgaben-Esel bist, der alle To-dos und Verpflichtungen alleine schleppt.

Dieses Buch ist für Dich, wenn Du Aufgaben abgeben willst. Und das mit einem guten Gewissen, mit super Ergebnissen und mit zufriedenen Aufgaben-Ausführenden. Es ist für Dich, wenn Du eine Schneise schlagen willst in Deinen beruflichen oder privaten Aufgaben-Dschungel, indem Du zu anderen Menschen sagst: »Tu Du!« Es ist für Dich, wenn Du Führungskraft bist oder demnächst Führungsaufgaben übernimmst. Und es ist für Dich, wenn Du in agilen Organisationen der »Servant Leader« bist.

Viel Spaß beim Lesen, und viel Erfolg beim erfolgreichen »Tu Du!«!
Deine Cordula Nussbaum

PS: Unter www.Gluexx-Factory.de/abgeben findest Du ein »Lass Mal Andere Arbeiten«-Gratis-Coaching-Workbook. Passwort: LMAA#3.

Einleitung:
Quillt Dein Krug über?

Ein Philosophieprofessor steht eines Tages vor seinen Studenten, greift schweigend zu Beginn der Vorlesung unter sein Pult, holt einen großen Glaskrug hervor und stellt ihn vor sich auf den Tisch. Wieder greift er unter sein Pult, holt ein großes Behältnis mit wertvollen bunten Steinen hervor und füllt diese bis oben hin in den Glaskrug. Als er damit fertig ist, fragt er seine Studenten, ob der Krug voll sei. »Ja«, meinen diese einstimmig, »der Krug ist eindeutig voll!« Der Professor langt erneut unter sein Pult, holt ein großes Behältnis mit Kieselsteinen hervor und schüttet diese in den Krug. Die Kieselsteine suchen sich ihren Weg an den wertvollen Steinen vorbei und füllen die Zwischenräume aus. Der Professor fragt seine Studenten wieder, ob der Krug voll sei. Nun sind sich die jungen Leute nicht mehr so sicher und sagen lieber nichts.

Der Prof greift nochmals unter sein Pult, holt einen großen Sack mit Sand hervor, füllt auch diesen in den Krug. Die feinen Sandkörner rieseln bis auf den Boden des Kruges durch, füllen auch den kleinsten Raum. Wiederum fragt er seine Studenten, ob der Krug nun voll sei, und jetzt sind sich alle einig: »Ja, der Krug ist voll! Voller geht nicht!«

Erneut greift der Professor unter sein Pult, holt eine Flasche Bier hervor, füllt das Bier in den Krug und sagt schmunzelnd: »Meine Damen und Herren, Platz für ein Bier ist immer!«

Vielleicht hast Du diese Anekdote schon mal gehört. Sie zählt zu den plakativen Klassikern in der Weiterbildung, und auch ich nutze sie gerne in meinen Seminaren, um die Teilnehmer für ein wichtiges Thema zu sensibilisieren.

Versetz Dich bitte an dieser Stelle in den Vorlesungsraum und überleg Dir: Was wäre passiert, wenn der Professor zuerst den großen Sack mit dem Sand genommen hätte, um den Krug zu füllen? Richtig, der Krug wäre voll geworden – natürlich unter der Voraussetzung, dass der Sandsack mehr Sand beinhaltet, als der Krug fassen kann. Der Krug wäre randvoll gefüllt gewesen und der Professor hätte keine Chance gehabt, noch Kieselsteine oder gar wertvolle Steinen in den Krug zu legen. Lassen wir an dieser Stelle mal das Bier außen vor – der Nachsatz ist nur ein Schmunzler und spielt für die Moral der Geschichte in *meiner* Version keine Rolle.[1]

Ein Tag in Deinem Leben

Und jetzt stell Dir bitte vor, dieser zunächst leere Glaskrug entspräche einem Tag in Deinem Leben. Um Mitternacht bekommst Du einen leeren Krug, und dieser füllt sich im Laufe des Tages – ganz automatisch, einfach weil die Zeit, weil der Tag vergeht und sich mit Aktivitäten füllt. Um Mitternacht ist der Krug voll, und Du bekommst einen neuen leeren Krug. Auch dieser füllt sich wieder komplett auf. Und so füllen sich Krüge um Krüge, Tage um Tage Deines Lebens – einfach weil die Zeit vergeht.

Die spannende Frage, die Du Dir jetzt stellen darfst, lautet: Mit was füllen sich Deine Tage normalerweise?

- Füllen sich Deine Tage mit wertvollen Steinen? Mit wesentlichen Aufgaben? Mit Aktivitäten, die wichtig für Dich sind? Aktivitäten mit Menschen, die Dir am Herzen liegen? Deine Familie, Dein Partner, Deine Partnerin, Deine Gesundheit, Deine Kinder oder Deine besten Freunde? Aktivitäten, die – wenn alles andere wegfiele und nur sie übrig blieben – Dein Leben immer noch schön und erfüllt sein ließen?
- Füllen sich Deine Tage mit Kieselsteinen? Mit nicht ganz so wichtigen Aktivitäten, mit Aufgaben, die gemacht werden müssen, damit der Alltag rundläuft, die aber für Dich nicht wirklich wichtig sind? Kieselsteine können Tätigkeiten in Deiner Arbeit beschreiben sowie in Deinem privaten Alltag. Sie sind häufig Angelegenheiten rund um Deine Wohnung, Dein Auto oder andere Alltagsgegenstände oder Arbeitsabläufe. Sie tragen wenig zum Erfolg bei – zu Deinem eigenen oder zum Erfolg Deines Teams oder des Unternehmens (oder Deiner Familie). Oftmals sind es – im Job und privat – Aufgaben, die zwar gemacht werden müssen, aber es ist überhaupt nicht wichtig, dass *Du Dich höchstpersönlich* darum kümmerst.
- Oder füllen sich Deine Tage mit Sand? Mit völlig unwichtigem Kram? Völlig unwichtige Dinge – der Sand im Getriebe? Interessanterweise fallen uns diese Sand-Aufgaben oft ungefragt in unseren Krug. Weil andere Menschen sie uns reinwerfen – indem sie uns Aufgaben aufdrücken, die null Relevanz für uns haben. Oder weil es sich manchmal auch einfach prima anfühlt, beschäftigt zu sein. Kennst Du das? Dass Du Dich

lieber mit völlig unwichtigem Zeug beschäftigst, wie die Kugelschreiber in Deiner Schublade nach Farben zu sortieren, als die wichtigen Aufgaben anzupacken? Manchmal machen wir das, weil wir einen akuten Anfall von Aufschieberitis haben. Ein Thema, das ein eigenes Buch verdient hat. Oder wir kümmern uns um die Sand-Aufgaben, weil wir nicht erkennen, dass es in Wirklichkeit Sand ist, und denken, es sei nötig, die Aufgabe zu erledigen. Wir denken, das *müssten* wir machen.

Frag Dich mal, wenn Du Dich bei einer potenziellen Sand-Aufgabe ertappst: »*Warum* muss ich das tun?«. Und wenn die Antwort ist: »Das haben wir schon immer so gemacht!«, dann ist die Wahrscheinlichkeit, dass Du einer echten Sand-Aufgabe auf den Leim gegangen bist, sehr hoch. Und dann wäre es super, wenn Du solche Aufgaben gar nicht mehr machst. Wenn Du lernst, »Nein!« zu sagen.

Du hast sie gemacht, weil es Dir eine kleine erholsame Auszeit geschenkt hat? Dann war es keine Sand-Aufgabe, sondern ein wertvoller Stein!

Erkennen als Basis für »Tu Du!«

Denk an dieser Stelle einen Moment darüber nach, womit sich Deine Tage normalerweise im Laufe eines Jahres füllen. Oder mach Dir dazu Notizen in Deinem Coaching-Workbook, das Du gratis unter www.Gluexx-Factory.de/abgeben herunterladen kannst. Das Passwort zum Download findest Du im Vorwort.

Diese Frage macht meine Seminarteilnehmer und Coachingklienten oft sehr nachdenklich. Weil sie an dieser Stelle zum ersten Mal merken, dass ihre Krüge schneller mit Sand gefüllt werden, als es ihnen lieb ist. Weil ein Tag schneller vorbeigeht, als es ihnen lieb ist. Ein Tag, an dem sie sich den Großteil davon mit völlig unwichtigem Zeug herumplagen und deshalb oft keine Zeit mehr haben für Aufgaben, Menschen oder Aktivitäten, die ihnen wirklich wichtig sind.

Selbstverständlich habe ich auch viele Teilnehmer, die an dieser Stelle merken, dass ihre Krüge in der Regel eine gesunde Mischung sind. Sie erkennen, dass sie bereits sehr viele ihnen wichtige Aufgaben im Laufe der Tage erledigen und auch Kieselsteine und Sand in ihrem Krug sind.

Eine solche Mischung ist prima. Denn zu einem erwachsenen Leben gehören auch Pflichten, die wir als Sand empfinden, aber die eben gemacht werden müssen. Wir leben nicht im einem rosaroten Zucker-Schloss, in dem wir ausschließlich das tun, was wir lieben. Und das ist gut so. Stell Dir vor, Du hättest nur noch Zuckerguss-Aufgaben – auch das kann schnell langweilig werden. Und wir hören auf zu wachsen, wenn wir nicht auch immer wieder mit unangenehmen Tätigkeiten gefordert werden.

Ziel unserer Nachdenk-Runde soll deshalb auch nicht sein, dass wir ab sofort nur noch wertvolle Steine in unsere Krüge legen. Das wäre unrealistisch, also leg Deine Messlatte an die Menge der wertvollen Steine bitte nicht von vornherein auf eine solche Höhe! Solange Deine Tage eine gesunde Mischung sind und Du über die Tage hinweg betrachtet *überwiegend* wertvolle Steine in Deinen Krügen hast, ist alles im grünen Bereich. Mach also weiter wie bislang, und klopf Dir selbst anerkennend auf die Schulter: Du machst alles richtig!

Wach auf, wenn Kiesel und Sand dominieren

Wenn sich Deine Krüge allerdings schneller mit Sand und Kiesel füllen, als Dir lieb ist, und Du deshalb nicht genügend Raum mehr für Deine wichtigen Steine hast, dann dürfen wir darüber nachdenken, was Du ab sofort in Deinem Alltag verändern kannst. Denn solange Du alle Freiräume und all Deine Energie für die *unwichtigen* Dinge in Deinem Leben aufwendest, hast Du für die wertvollen Steine keine Zeit, keine Energie mehr. Mit dem Effekt, dass Du müde, krank, lustlos und gestresst sein wirst.

Dein Alltag fühlt sich derzeit genau so an? Du versackst in Sand, und die wichtigen Aktivitäten finden nicht mehr statt? Du bist den lieben langen Tag mit unwichtigem Zeug beschäftigt und hast am Freitagabend schlicht keine Energie mehr, Dich »spontan« mit Freunden zu treffen? Geschweige denn Sport, zu machen, Dich gesund zu ernähren oder endlich die lang ersehnte Weiterbildung anzugehen? Als Unternehmer oder Führungskraft bist Du ständig nur damit beschäftigt, den Laden einigermaßen am Laufen zu halten, anstatt ihn strategisch zu entwickeln?

Willkommen im Klub! Einer Studie der Management-Beratung »Factor P« zufolge verbringen Berufstätige in Bürojobs rund 50 Prozent ihrer Arbeitszeit mit sogenannten nicht wertschöpfenden Aufgaben. Im Klartext: Sie füllen ihre Krüge zu 50 Prozent mit Sand. Spitzenreiter unter den Sand-Aufgaben sind Bürokratie- und Verwaltungsangelegenheiten (Formulare ausfüllen, Anträge stellen), Warten auf Informationen, Fehlersuche und Fehlerkorrekturen, unnötige Dokumentation oder das Fahnden nach verlegten Werkzeugen.

Auch Führungskräfte verbringen knapp die Hälfte ihrer Arbeitszeit mit Verwaltungskram oder sogar operativer Arbeit. Sie erledigen das Tagesgeschäft an der Basis, da Mitarbeiter krank oder im Urlaub sind oder das Personal nicht ausreichend ausgebildet ist. Nur 13 Prozent ihrer Zeit führen sie wirklich.[2]

Entscheiden mit der ABC-Analyse?

Viele Unternehmen haben erkannt, dass nicht alles, was wir tun, sinnvoll eingesetzte Zeit ist, und versuchen der Übermacht der Sand-Aufgaben Herr zu werden. Gerne greifen sie dabei auf die sogenannte ABC-Analyse zurück, um die Zeit-Aufgaben-Prioritäten-Verteilung sichtbar zu machen.

Der »Erfinder« der ABC-Analyse, der Manager H. Ford Dickie, schrieb 1951 in einem Artikel, dass die ABC-Analyse helfen könne, sich auf das Wesentliche zu fokussieren.[3] Im Zuge von Kosteneffizienz-Denken waren in den Folgejahrzehnten weltweit Berufstätige angehalten, ihre Aufgaben in einer To-do-Liste zu notieren und anschließend nach A-, B- und C-Aufgaben zu clustern. Mit dem Ergebnis, dass sie eine Menge Zeit damit verschwendeten, alle ihre Aufgaben minutiös zu verzeichnen, um dann ausgiebig über die korrekte Kategorie nachzudenken. Mal abgesehen davon, dass es per se schon völlig sinnlos ist, C-Aufgaben (unwichtig) überhaupt in einer To-do-Liste zu notieren – ein solches Vorgehen zeigt uns ständig nur, was wir heute mal wieder alles nicht geschafft haben, weil die Listen in der Regel schneller wachsen, als wir sie abarbeiten können.

Und das bedeutet neben einem immensen Zeitaufwand für die Verwaltung unserer Aufgaben, dass unser Frust beim Blick auf das Unerledigte stetig steigt.

Bitte versuch jetzt also nicht, *jede* Deiner Aufgaben und Verpflichtungen nach der ABC-Analyse in eine Kategorie zu stecken. Das würde Dich deutlich mehr Zeit kosten, als es Dir Entlastung bringt. Noch dazu, wenn Du in einem dynamischen Alltag unterwegs bist, in dem sich Prioritäten ständig ändern. Oder wenn Du von Deinen Präferenzen her eher ein Kreativer Chaot bist, bei dem in der Regel all das Priorität hat, was neu ist, was Abwechslung verspricht (vgl. Kapitel »Innere Haltung«).

Bewerte nicht *jede* aufpoppende Aufgabe nach A (wichtig), B (weniger wichtig) oder C (unwichtig), aber verschaff Dir immer mal wieder einen Gesamtüberblick über Dein derzeitiges Pensum. Beispielsweise mit einem »Adlerflug«, bei dem Du Dich aus dem Alltag ausklinkst und mal sämtliche Aktivitäten zusammenträgst, die Du derzeit in all Deinen Lebensbereichen ausübst. Eine Vorlage und eine genaue Anleitung dafür findest Du in Deinem Workbook im Downloadbereich zum Buch.

Erkennen und Abwägen kommt vor dem Abgeben

Warum erzähle ich Dir von Steinen, Kieseln, Sand, A-, B- und C-Aufgaben in einem Buch, in dem es darum geht, dass wir mal andere Menschen für uns arbeiten lassen?

Wenn Du ab sofort Aufgaben erfolgreich(er) abgeben willst, dann ist es absolut notwendig, dass Du die *richtigen* Aufgaben abgibst. Und zwar die Aufgaben, die zwar gemacht werden müssen – aber nicht notwendigerweise von Dir in persona. Und das bedeutet, dass wir idealerweise diejenigen Aufgaben abgeben, die für uns Kieselsteine sind, oder Sand.

Die wertvollen Steine hingegen, das sind *die* Aufgaben, Tätigkeiten und Aktivitäten, bei denen es unbestritten wichtig ist, dass *Du* sie erledigst. Es wäre unsinnig, ja manchmal sogar fatal, wenn wir wertvolle Steine zur Erledigung an andere Menschen abgeben würden. Bei manchen wertvollen Steinen ist das ganz offensichtlich, wie beispielsweise Atmen, Essen, Trinken, Verdauen oder Schlafen. Die Befriedigung unserer körperlichen Bedürfnisse können wir nicht durch andere Menschen ausführen lassen. Auch wenn einige Berufstätige Essen und Trinken quasi als leidiges Übel nebenher schnell abfeiern wollen (»Ein schnelles Mittagssandwich, am Schreibtisch verdrückt, muss reichen!«) und Ernährung bei ihnen eher den Rang von »Kiesel« hat, für unseren Körper und unsere Gesundheit sind es wertvolle Steine.

Und genau aus dieser Überlegung habe ich auch wieder das vorliegende Buch höchstpersönlich in wochenlanger Arbeit geschrieben. Schreiben ist meine Leidenschaft, und ich liebe es, Impulse und konkrete Strategien nicht nur in Vorträgen, Seminaren und im Coaching zu teilen, sondern auch schriftlich für jeden zugänglich zu machen. Zudem habe ich Schreiben als Wirtschaftsjournalistin von der Pike auf gelernt – da wäre es völlig unsinnig, diese Tätigkeit mal andere machen zu lassen. Selbst wenn es natürlich Ghostwriter gibt, die das gut für mich hätten übernehmen können, ich möchte diesen kreativen Akt nicht aus der Hand geben.

Du siehst, die Unterscheidung zwischen »wertvoller Stein«, »Kiesel« und »Sand« ist absolut subjektiv und kann sich auch im Laufe der Zeit ändern. Was einem jungen Menschen vielleicht völlig egal ist, wird ihm mitten im Leben stehend total wichtig. Unsere wertvollen Steine verändern sich mit uns, unseren Lebensumständen, unseren Erfahrungen und natürlich mit unseren Wünschen und Träumen. Sie sind abhängig von unserer Tätigkeit, unserem Verantwortungsbereich und anderen Rahmenbedingungen, die wir uns in Kapitel »Klare Prioritäten« genauer anschauen.

FAZIT

Ob es bei einer Aufgabe wichtig ist, dass Du Dich *höchstpersönlich* darum kümmerst, hängt von den Rahmenbedingungen und von Deiner persönlichen Sichtweise ab. Damit Du stressfrei und glücklich leben kannst, solltest Du so gut wie möglich wertvolle Steine in Deine Krüge – also wichtige Aktivitäten in Deine Tage – legen. Lass nicht zu, dass Deine Krüge mit Sand-Aufgaben voll werden – sonst ist kein Raum mehr für das, was Dir am Herzen liegt. Find heraus, womit sich Deine Krüge derzeit füllen – und fang dann an, Kieselstein- und Sand-Aufgaben abzugeben. Sag zu ihnen »LMAA – Lass Mal Andere Arbeiten« und schaff so Platz für weitere wertvolle Steine.

Der Check: Wie gut bist Du im Abgeben?

Das größte Potenzial, um erfolgreich andere arbeiten zu lassen, haben Deine Kieselstein- und Deine Sand-Aufgaben. Sie sind es, die Du an andere Menschen abgeben solltest.

Allerdings ist »Tu Du!« offensichtlich gar nicht so einfach. Selbst Führungskräfte, die ja hierarchisch in der Position sind, Aufgaben zu delegieren, klagen sehr häufig, dass es nicht befriedigend klappt. Ganz zu schweigen von Unternehmern, Freelancern und Solo-Preneuren, die manchmal eher Sklaven im eigenen Betrieb sind als echte Unternehmer. Selbstständige haben zwar die Freiheit, selbst für Entlastung durch Delegieren zu sorgen. Aber für sie hat das Aufgaben-Abgeben oft noch ganz andere (finanzielle) Konsequenzen als für Arbeiter, Angestellte oder abhängig beschäftigte Führungskräfte.

Die Gründe, warum »Lass Mal Andere Arbeiten« nicht gut klappt, sind vielschichtig. Verschaff Dir mit dem folgenden Selbstcheck einen Überblick, wie gut Du bereits im Aufgaben-Abgeben bist. Wenn Du beruflich (noch) niemanden hast, an den Du Aufgaben abgeben kannst (keine Mitarbeiter, Kollegen, Dienstleister, Zulieferer o. Ä.), dann betrachte die folgenden Aussagen in der Zukunftsperspektive oder bezogen auf Deinen privaten Alltag.

Gerne kannst Du natürlich auch zwei Durchläufe machen – einmal aus beruflicher Sicht und einmal mit Blick auf Deinen privaten Alltag. Du willst nicht direkt ins Buch schreiben? Dann mach den Selbstcheck in Deinem Coaching-Workbook.

Lies Dir bitte die folgenden Aussagen durch und bewerte, ob diese eher auf Dich zutreffen oder eher nicht.

	trifft eher zu	trifft eher nicht zu
Ich habe sehr hohe Ansprüche an die Qualität einer Leistung, und da ist es fast unmöglich, jemanden zu finden, der so gut arbeitet, wie ich es will. (E-P)	○	○
Ich bin sehr belastbar, und viel Arbeit macht mir nichts aus. (E-Sta)	○	○
Es muss doch zu schaffen sein, dass ich alle meine Aufgaben selbst erledige. Andere geben doch auch nichts ab. (E-Str)	○	○
Meist brauche ich die Ergebnisse so schnell, dass gar keine Zeit ist, andere Menschen damit zu beauftragen. (E-S)	○	○
Ich helfe gerne anderen Menschen und nehme lieber *denen* die Arbeit ab, als ihnen Aufgaben zu geben. Besonders wenn die eh schon total viel zu tun haben. (E-N)	○	○
Wenn ich zu viele Aufgaben und Verantwortung abgebe, dann riskiere ich, von möglichen Rivalen ins Abseits gedrängt zu werden. (E-Vo)	○	○
Wenn ich (noch mehr) von meinen Aufgaben abgebe, dann habe ich bald gar nichts mehr zu tun. (E)	○	○
Es ist doch peinlich, wenn die Mitarbeiter oder Kollegen die Aufgabe besser machen als ich bislang. (E)	○	○

Ich bitte generell andere Menschen nicht gerne um einen Gefallen. (E)	○	○
Ich habe kein Geld (Budget), um Aufgaben an Dritte abzugeben, also Unterstützung »einzukaufen«. (F)	○	○
Ich mag meine fachliche Arbeit und habe gar keine Lust, diese an andere abzugeben oder wertvolle Zeit in Führungsaufgaben und Briefings zu stecken. (F)	○	○
Die meisten meiner Aufgaben sind Einmal-Aufgaben, da lohnt es sich nicht, diese jemand anderem zu erklären und sie abzugeben. (F)	○	○
Wir entwickeln uns in Richtung »agile Organisation«. Da ist das Aufgaben-Abgeben und -Delegieren doch völlig veraltet. (F)	○	○
Ich würde wirklich gerne andere mit Aufgaben betrauen, aber ich will nicht ständig Leute um mich haben. (F)	○	○
Ich möchte anderen keine Arbeit zumuten, die ich selbst nicht gerne erledige. (H)	○	○
Ich gebe bereits Aufgaben ab, aber meist ist das Ergebnis nicht so, wie ich es mir wünsche. (H)	○	○
Ich habe schon häufiger Aufgaben abgegeben, die dann doch wieder auf meinem Schreibtisch gelandet sind und von mir erledigt wurden. (H)	○	○
Ich gebe bereits Aufgaben ab, aber meist liefern die anderen dann zu spät ab oder sogar gar nicht. (H)	○	○
Ich gebe bereits Aufgaben ab, aber ich finde es lästig, die Ergebnisse dann daraufhin prüfen zu müssen, ob mir das so gefällt oder ob ich nachkorrigieren lassen muss. (H)	○	○

Ich gebe bereits Aufgaben ab und vergesse dann völlig, die Erledigung im Blick zu behalten. Liefert der andere zuverlässig, ist alles fein. Ist der andere jedoch unzuverlässig, so fällt mir das oftmals zunächst gar nicht auf und ich versäume es, rechtzeitig nachzufassen, dass es wirklich gemacht wird. (H)	○	○
Ich beschäftige mich oft mit Routineaufgaben, die eigentlich auch jemand anderes erledigen könnte. (P)	○	○
Ich kümmere mich um Aufgaben oder Probleme, die *früher* mal zu meinem Zuständigkeitsbereich zählten. (P)	○	○
Meine Tage und Wochen sind wirklich ziemlich voll mit Aufgaben und Verpflichtungen, da ist die Masse an To-dos schon eine große Last. (P)	○	○
Wenn ich ein paar Tage im Urlaub, auf Weiterbildung oder in vielen Meetings war, dann häufen sich die liegen gebliebenen und unerledigten Aufgaben bei mir. (P)	○	○
Mir fehlt die Zeit, mal in Ruhe nachzudenken oder mit Muße wichtige Themen zu durchdringen. (P)	○	○
Erholung, Pause, mal nichts tun – das findet in meinem Alltag derzeit nicht statt. Es fehlt einfach die Zeit dafür. (P)	○	○
Ich übernehme immer mal wieder Aufgaben von anderen, die diese fachlich nicht erledigen können oder zeitlich nicht bewältigen. (P)	○	○

Bitte zähl nun alle Deine Kreuze zusammen und notier Deine Gesamtsumme von

»trifft eher zu«: _____ und »trifft eher nicht zu«: _____

Bitte zähl zusätzlich Deine »trifft zu«-Kreuze für die folgenden Buchstaben (siehe am Ende jeder Aussage):

E: _____ F: _____ H: _____ P: _____

Die Auswertung

Gesamt-Check:

0 bis 6 Kreuze bei »trifft eher zu«:
Glückwunsch – Du scheinst ein wahres »Tu Du!«-Genie zu sein. Mach weiter so, gib ab und verschaff Dir so Zeiträume für die wirklich wichtigen Aufgaben und Menschen in Deinem Leben. Such Dir weitere Inspirationen in diesem Buch, um Deine Art, Aufgaben abzugeben, weiter zu festigen. Beachte dabei Deine Ergebnis-Auswertung nach den Buchstaben E, F, H und P weiter unten und nutz die für Dich wichtigsten Impulse.

7 bis 13 Kreuze bei »trifft eher zu«:
Du versuchst bereits, Aufgaben an andere Menschen abzugeben, um frei für die wirklich wichtigen Themen in Deinem Leben zu sein, aber so richtig mag es noch nicht klappen. Tauch tiefer in die Tipps dieses Buches ein, und such Dir zunächst Ideen und Methoden, die Dich Deiner Ergebnis-Auswertung nach

den Buchstaben E, F, H und P (siehe weiter unten) am ehesten weiterbringen.

Ab 14 Kreuze bei »trifft eher zu«:
Aufgaben abzugeben ist offenbar so gar nicht Dein Ding. Damit bist Du in guter Gesellschaft, denn »mal andere arbeiten lassen« ist für viele Menschen eine echte Herausforderung. Mit diesem Buch wirst Du lernen, Dir auf eine gute Art Freiräume zu verschaffen – und damit auch die anderen zufriedenzustellen. Hol neue Kraft und Lebendigkeit in Dein Leben – dank »Tu Du!«.

Ergebnis-Auswertung nach den Buchstaben E, F, H und P:

Mindestens ein Kreuz bei E-Aussagen:
Offenbar hast Du noch Vorbehalte, anderen Menschen Aufgaben zu übertragen, oder innere Saboteure erschweren Dir das Aufgaben-Abgeben. Dein Verstand will zwar delegieren – und tut das auch –, aber »irgendetwas« in Dir torpediert Deine guten Vorsätze. Im nächsten Kapitel schauen wir uns das näher an: Wir werden Deine inneren Widersacher zu Freunden machen und Dir helfen, Freiräume mithilfe von »Tu Du!« zu schaffen.

Mindestens ein Kreuz bei F-Aussagen:
Derzeit sprechen noch handfeste Fakten dagegen, dass Du andere Menschen mit Aufgaben betraust. Und das bedeutet, Du brauchst noch faktenreichen Input und handfeste Gegenstrategien, um eine solide und tragfähige Grundlage für »Tu Du!« zu schaffen. Im Kapitel »Mehr Fakten bitte!« bekommst Du sie.

Mindestens ein Kreuz bei P-Aussagen:
Offenbar hast Du derzeit mehr Aufgaben zu stemmen, als in einem Arbeitstag oder einer Arbeitswoche sinnvoll zu schaffen sind. Anstatt Dich auf Deine eigenen To-dos zu konzentrieren, hast Du möglicherweise ein offenes Ohr für all die Aufgaben der anderen – die Du dann auch noch miterledigst. Gut für die anderen – blöd für Dein eigenes Zeitmanagement. Im Kapitel »Klare Prioritäten« nehmen wir deshalb Deine Fülle an Aufgaben besser unter die Lupe und schlagen eine Schneise.

Mindestens ein Kreuz bei H-Aussagen:
Aufgaben abzugeben ist wie ein Handwerk: Wir brauchen die richtigen Techniken, die richtigen Methoden und eine gute Einführung in die Goldenen Prinzipien des richtigen Delegierens. Im Kapitel »Die Fünf Goldenen Prinzipien für erfolgreiches ›Tu Du!‹« bekommest Du das entsprechende Rüstzeug, damit Du künftig erfolgreich Aufgaben abgeben kannst und mit dem Ergebnis zufrieden bist.

FAZIT

Damit Du erfolgreich Aufgaben abgeben kannst, die gut, zuverlässig und pünktlich zur Zufriedenheit aller erledigt werden, sind zwei Grundvoraussetzungen zu erfüllen: Du musst wirklich in der Tiefe Deines Herzens abgeben wollen. Und Du brauchst die nötigen Prinzipien und Methoden dazu. Erfolgreiches LMAA funktioniert also nur, wenn das WOLLEN und das KÖNNEN stimmen.

Innere Haltung – Schlüssel zu Top oder Flop

»Wer überall zugleich ist, ist nirgends.«
THOMAS FULLER, ENGLISCHER HISTORIKER (1608 – 1661)

Wenn wir in Anbetracht unserer vollen Tage zu wenig Aufgaben abgeben oder Tätigkeiten zwar delegieren, aber mit dem Ergebnis nicht zufrieden sind, dann kann es sein, dass wir im tiefsten Inneren unseres Herzens »eigentlich« gar nicht abgeben wollen.

Und wenn wir »eigentlich« gar nicht abgeben wollen, ist es kein Wunder, wenn wir es nicht tun. Oder auf so eine Weise abgeben, dass es gar nicht klappen kann. Wir sabotieren unseren eigenen Erfolg.

»So ein Blödsinn!«, rufst Du jetzt vielleicht empört. »Ich *will* sehr wohl Aufgaben abgeben, aber es funktioniert halt einfach nie so gut, wie ich mir das vorstelle!« Ja, es kann sein, dass Du *denkst*, dass Du willst. Das ist ja genau das Blöde an unseren inneren Sabotage-Programmen: Sie laufen unbewusst ab! Sie torpedieren klammheimlich unsere äußeren Bemühungen und verändern Nuancen in unserem Verhalten. Nuancen, die dann aber über Top oder Flop beim Delegieren entscheiden.

Das Geheimnis dahinter nennt sich »kognitive Dissonanz«. Kognitionen sind mentale Ereignisse wie beispielsweise unsere Gedanken, Einstellungen, Überzeugungen und Wünsche sowie unsere Wahrnehmungen auf all unseren Kanälen (Sehen, Hören, Riechen, Schmecken, Fühlen), die mit einer Bewertung einhergehen. Häufig entstehen zwischen diesen Kognitionen

Konflikte (»Dissonanzen«) – und das mögen wir überhaupt nicht. Von Natur aus streben wir danach, all unsere Kognitionen in Einklang zu bringen, denn wissenschaftlich belegt, erzeugt es eine immense Spannung in uns, wenn hier eine Kluft besteht.

Vielleicht kennst Du das von Deinen Neujahrsvorsätzen: Du hast Dir ganz, ganz fest vorgenommen, ab dem 2. Januar täglich mit dem Fahrrad zur Arbeit zu fahren und von Montag bis Freitagabend auf Dein übliches Gläschen Rotwein zu verzichten. Und jetzt ertappst Du Dich am 9. Januar, wie Du abends einen guten Tropfen entkorkst, und Dein Blick fällt auf das Fahrrad im Flur, bei dem zunächst mal der Vorderreifen aufgepumpt werden müsste, bevor Du Dich auf den Drahtesel schwingen kannst. Genau in dieser Situation entsteht eine kognitive Dissonanz zwischen Deinen Wünschen und der erlebten Realität.

Kein schönes Gefühl, oder?

Kognitive Dissonanzen auflösen

Prinzipiell hast Du jetzt drei Möglichkeiten, diese kognitive Dissonanz aufzulösen.

Erste Möglichkeit – die menschliche Variante: Du redest Dir Dein Verhalten schön oder biegst Dir die »Wahrheit« so zurecht, dass sie Deinem Weltbild entspricht. Einfach indem Du Dich an eine Studie erinnerst, die sagt: »Ein Glas Rotwein pro Tag fördert die Gesundheit und schützt vor Herzerkrankungen.« Und mehr als ein Glas wird es ja heute sicher auch nicht werden. Obwohl – der edle Tropfen darf ja nicht verkommen, und bis zum Wochenende schmeckt der ja nicht mehr. Prost! Und Fahrradfahren? Ist in der

City eh ungesund bei all den Abgasen! Nach guter alter Pippi-Langstrumpf-Manier (»Ich mach mir die Welt, widdewidde wie sie mir gefällt!«) hast Du Dein Verhalten jetzt prima gerechtfertigt und lässt Dir den nächsten Schluck so richtig schmecken.

Zweite Möglichkeit – die sportliche Variante: Du veränderst Dein Verhalten. In dem Moment, in dem Du Dich dabei ertappst, wie Du etwas tust, was Du »eigentlich« nicht tun willst, stöpselst Du die Flasche wieder zu, holst die Luftpumpe, pumpst den Vorderreifen auf und drehst fünf Ehrenrunden um den Häuserblock. Lächelnd drehst Du dabei auch Deinem inneren Schweinehund eine lange Nase und bist stolz auf Dich, dass Du es geschafft hast.

Dritte Möglichkeit – die schwierigste Variante: Du veränderst grundlegend Deine Einstellung zu den Themen, die Dich immer wieder zu einem Verhalten führen, das Du so nicht (mehr) willst. Das bedeutet, Du veränderst Deine innere Haltung auf eine Weise, dass Dein »eigentlich« gewünschtes Verhalten sich völlig natürlich und richtig gut anfühlt. In Bezug auf Deine Neujahrsvorsätze sagt Dir nicht mehr Dein Kopf, dass Du weniger trinken, aber mehr radeln solltest, sondern jetzt es ist Dein innerer Drang, der Dir hilft, leidige Gewohnheiten zu verändern. Ab dem Moment, in dem Du Deine Einstellung tiefgreifend verändert hast, ist es überhaupt nicht mehr anstrengend, ein neues gewünschtes Verhalten an den Tag zu legen. Jetzt entspringt es ganz und gar Deinem Naturell.

Einstellungen zu verändern ist ein gutes Stück Arbeit – aber es lohnt sich.

Einstellung zu »Tu Du!« verändern

Besonders bei den Themen »Delegieren«, »Zusammenarbeiten im Team« und »Aufgaben-Abgeben« tragen viele Menschen limitierende Überzeugungen und Glaubenssätze in sich, die ein erfolgreiches LMAA (Lass Mal Andere Arbeiten) bereits im Ansatz torpedieren.

- Da wollen Chefs und Chefinnen, dass alles über ihren Schreibtisch läuft, und entwickeln sich so zum Flaschenhals im Team, in dem Projekte und Entscheidungen festhängen.
- Da gibt es Projektleiter, die jeden Teilschritt eines Projektes selbst kontrollieren – eine Zeitverschwendung auf beiden Seiten plus eine große Demotivation für die Kollegen.
- Da gibt es Vorgesetzte, die Aufgaben an Mitarbeiter abgeben, aber leider »vergessen«, relevante Informationen mitzuliefern. Mit dem Ergebnis, dass der Mitarbeiter die Aufgabe grandios an die Wand fährt, und dann kommt der Chef – »tatütata, hier kommt die Feuerwehr!« –, holt die Kastanien aus dem Feuer und fühlt sich mal wieder bestätigt, dass »um mich herum nur unfähige Pappnasen sitzen und ohne mich hier gar nichts laufen würde!«.
- Oder im privaten Alltag: Da klagen Frauen über Überlastung beim Spagat zwischen Küche, Kindergarten und Konferenztisch, putzen dann aber selbst jeden Tag das Bad, »weil wenn mein Mann das macht, wird es eh nichts!«.

Sorry, wenn das an dieser Stelle sehr klischeehaft klingt, aber sicherlich hast oder kennst Du Vorgesetzte, Kollegen, eine Freundin oder eine Bekannte, auf die diese Punkte eins zu eins zutreffen. Ist den Aufgaben-Abgebern bewusst, was sie da machen?

Wie paradox sie sich verhalten? Manchmal ist es ihnen bewusst. Das sind die Menschen, die von sich sagen, dass sie das Problem zwar erkennen, aber aus ihrer Haut einfach nicht rauskönnen.

Manchmal ist es ihnen nicht bewusst – und wenn Du zu denen gehörst, ist es gut, dass wir darüber sprechen und Dir an dieser Stelle deutlich wird, was Deine »Tu Du!«-Bemühungen immer wieder sabotiert. Allein das Wissen darum, dass wir nach bestimmten Mustern funktionieren, die uns im Kern nicht guttun, kann der Beginn einer Problemlösung sein. So wie bei Bernd, einem Teilnehmer meines Online-Coachings »Innere Saboteure zu Freunden machen«, der mir nach Abschluss des Kurses schrieb: »Ich wusste gar nicht, dass es limitierende Überzeugungen und damit Verhinderer gibt. Jetzt kenne ich meine Saboteure, nehme sie bewusst wahr, lächle über mich selbst und kann mich dann bewusster und befreiter entscheiden.«

Uns unserer hinderlichen Muster bewusst zu werden, ist der erste Schritt zum Erfolg. Die gute Botschaft dabei: Doch, wir können aus unserer Haut raus! Wir können uns – solange wir leben – verändern. Wir können unser Verhalten, wir können unsere Einstellungen und Überzeugungen ändern. Aber das klappt nur, wenn wir uns wirklich verändern wollen.

Und das bringt mich zum Knackpunkt dieses Kapitels: Du wirst LMAA nur dann wirklich erfolgreich umsetzen können, wenn Du es wirklich willst. Solange noch ein kleiner Teil in Dir nicht voll hinter dem Abgeben steht, so lange wirst Du es auch nicht erfolgreich tun können. Dann wirst Du nämlich immer und immer wieder einen Widerspruch zwischen echtem inneren Wunsch und Deinem Verhalten spüren – und immer wieder versuchen, diese kognitive Dissonanz aufzulösen. Mit Selbstsabotage.

Aber, Kopf hoch! Wir können unsere Selbstsabotage beenden. Folgende fünf Schritte helfen:
- Schritt 1: Den Vorteil von »Ich mach's!« erkennen
- Schritt 2: Selbstsabotage in den Lebensmotiven identifizieren
- Schritt 3: Selbstsabotage im Denkstil identifizieren
- Schritt 4: Selbstsabotage in den »Antreibern« identifizieren
- Schritt 5: Den Gewinn »drehen«

Schauen wir uns das genauer an.

Schritt 1: Den Vorteil von »Ich mach's!« erkennen

Mach Dir an dieser Stelle bewusst, dass das Nicht-Abgeben Dir möglicherweise einen so großen Vorteil bringt, dass es – neutral betrachtet – auch absoluter Nonsens wäre, abzugeben. Frag Dich: Was ist der Vorteil, der Gewinn, wenn ich Dinge *selbst erledige*, die ich im Prinzip an andere Menschen abgeben könnte?

Stelle ich diese Frage in Coaching-Sitzungen, kommt meist spontan die Antwort: »Ich habe gar keinen Gewinn – im Gegenteil. Wenn mich andere Menschen mehr entlasten würden, hätte man mehr Zeit für die wichtigen Aufgaben, könnte auch mal früher abends Schluss oder mal in Ruhe Urlaub machen!« Ja, das stimmt – doch Antworten wie diese sind reine Logik-Antworten, was »man« davon hat, wenn »man« erfolgreich abgeben könnte. Hartnäckig fordere ich dann meine Klienten auf, nochmals über einen möglichen Gewinn des

Selbstmachens nachzudenken. Und dann kommen – nach einigem Überlegen – Antworten wie diese:
- »Ich fühle mich gebraucht, wenn ich viel selbst erledige.«
- »Ich finde, eine Führungskraft sollte sich nicht zu fein sein, auch selbst die Basis-Arbeiten zu machen. Ich beweise damit also, dass ich nichts Besseres bin, nur weil ich jetzt Führungskraft bin.«
- »Wenn ich ehrlich bin, dann ist es doch echt peinlich, wenn mein Mann das Bad putzt. Wenn ich selbst putze, stärke ich das Bild von ›echter Mann‹, das ich gerne von ihm haben will.«

Was ist es bei Dir? Was ist Dein Vorteil, Dein Gewinn, wenn Du Aufgaben *nicht* abgibst, sondern selbst erledigst? Schau dazu gerne nochmals zurück auf den Selbstcheck im vorigen Kapitel. Bei welchen mit »E« gekennzeichneten Aussagen hast Du »trifft eher zu« angekreuzt? Welche Aussagen, Situationen oder Gespräche fallen Dir an dieser Stelle noch ein, die auf Dich zutreffen?

All das sind triftige Gründe, warum »Lass Mal Andere Arbeiten« bei Dir noch nicht wirklich gut klappt. Solange nämlich Dein Gewinn aus »Selbstmachen« höher ist als Dein Gewinn aus »Abgeben«, so lange wirst Du immer alles dafür tun, dass es aufs Selbstmachen hinausläuft.

Die meisten Menschen greifen im Anschluss auf die »menschliche« Variante 1 zurück, um ihre kognitiven Dissonanzen aufzulösen: Sie reden sich ihr Selbsttun schön, mit Aussagen wie »Wenn ich es nicht mache, macht es ja keiner!«, »Bis ich das lange erklärt habe, habe ich es zehnmal erledigt!«, »So gut wie ich macht das keiner!«, »Ich kann mir Unterstützung finanziell nicht leisten!« und so weiter.

Eine menschliche und absolut nachvollziehbare Reaktion, aber leider eine Reaktion, die Dich langfristig nicht weiterbringt, wenn Du Deinen Krug von Kiesel- und Sand-Aufgaben so gut wie möglich befreien willst. Damit Du Variante 3 – Einstellung ändern – anwenden kannst, ist es wichtig, dass wir Deinem subjektiv empfundenen Vorteil Respekt zollen und gebührend wahrnehmen.

Denk also immer darüber nach, was Dein Gewinn ist, wenn Du Dinge selbst machst. Beachte dabei, dass wir uns je nach Kontext, nach Aufgabe oder nach mitbetroffenen Personen völlig unterschiedlich verhalten. Du magst im privaten Alltag der Delegier-Meister sein, der Lieferdienste für Lebensmittel, einen Studenten zum Rasenmähen, den Sohn für Software-Probleme und eine Zugehfrau für die Ordnung im Haus beschäftigt, aber im Job schaffst Du es nicht, angemessen Aufgaben abzugeben.

Denk also sehr konkret über Deine unterschiedlichen Lebensbereiche und Dein jeweiliges Abgabe-Verhalten dort nach. Beachte dabei auch, dass die Antworten zu Deinem »Gewinn«, wenn Du Dinge selbst erledigst, aus sehr unterschiedlichen Quellen genährt sein können. Und dass ein Vorteil von »Ich mach's!« aus dieser Ecke genau der Gegenwind werden kann, der Dich aus »Tu Du!« wegbläst. Je stärker der »Gewinn« aus dieser inneren Haltung fürs Selbsttun ist, desto größer ist der Sabotage-Faktor in puncto Aufgaben abgeben.

Schritt 2: Selbstsabotage in den Lebensmotiven identifizieren

Ganz offensichtlich ist es, wenn »Aufgaben an andere Menschen abgeben« gegen Deine Lebensmotive verstößt. Hast Du Dich schon mal mit Deinen Motiven beschäftigt? Falls nicht, dann lege ich es Dir wärmstens ans Herz.[4] Motive sind ein nicht zielgerichtetes, abstraktes Streben, das einen großen Ozean eröffnet, in dem wir paddeln können. Lebensmotive sind ziemlich beständig und in der Regel nicht tagesformabhängig. Motivationsforscher gehen davon aus, dass es drei Grund-Lebensmotive gibt – das Macht-, Zugehörigkeits- und Leistungsmotiv –, von denen sich weitere Motive ableiten, beispielsweise Vorsicht, Status, Mitentscheidung, Selbstentscheidung, Abwechslung, Routine, Selbstlosigkeit, Selbstorientierung, Durchführung, Einfluss, Fremdanerkennung, Selbstanerkennung, Balance und Dominanz.

Werden diese Motive angeregt, schüttet unser Körper Glücks- oder Stresshormone aus: Wird unser Machtmotiv angeregt, so sind es Adrenalin und Noradrenalin, im Falle des Zugehörigkeitsmotivs ist es Dopamin, und wird unser Leistungsmotiv angetriggert, dann werden Vasopressin und Arginin ausgeschüttet.[5]

Diese Neurotransmitter sorgen dafür, dass wir emotional angestupst werden und entweder – sprichwörtlich – die Flucht ergreifen oder die Situation genießen. Unsere Gefühle geben den Ausschlag, ob wir an einer Sache dranbleiben oder aufgeben. Wer sich also lediglich halbherzig im Delegieren übt, der wird mit großer Wahrscheinlichkeit scheitern. Je positiver und emotionaler wir bei der Sache sind, desto stärker brennen wir, desto motivierter sind wir, desto besser wird es gelingen.

Lebensmotive begleiten uns ein Leben lang. Einige von ihnen, wie beispielsweise ein inneres Streben nach Wirksamkeit, Neugier, Beziehungen, Freude und Aktivität, haben wir bereits als Babys. Unser Umfeld – Eltern und andere Bezugspersonen – kann dieses Streben verstärken, aber auch zerstören, durch Worte (»Sei nicht immer so zappelig!«) oder auch durch eigenes Tun. Wir lernen sehr stark durch Beobachtung, und wenn uns vorgelebt wird, Aktivität oder Neugier seien »schlecht«, so übernehmen wir im Laufe des Älterwerdens dieses vermeintlich »richtige« Verhalten und integrieren es tief in unser Repertoire.

Wir lernen, was »richtig« und was »falsch« ist, und übernehmen aus unserer Familie oder auch unserem Kulturkreis Motive Dritter als Gradmesser von »wünschenswertem Verhalten«. Leider erkennen wir ab einem gewissen Punkt nicht mehr, ob wir etwas tun, weil es uns einfach Spaß macht (intrinsische Motivation) oder weil wir uns an Maßstäben orientieren, die wir als Idealvorstellung in uns etabliert haben (internes Selbstverständnis). Wir erfüllen unsere inneren Standards, weil »man das so macht« – ohne sie zu hinterfragen, denn dieses Verhalten ist ja »normal«.

Zieht unser Verhalten jetzt noch Belohnungen oder Bestrafungen nach sich (extrinsische Motivation), dann rutschen wir immer mehr in dieses »ideale« Tun hinein – ein Urinstinkt, der uns als Babys das Überleben sicherte, indem wir es Mama und Papa immer recht machten.

Wichtig: Es gibt keine »schlechten« Motive. Auch wenn der Begriff »Dominanz« zum Beispiel bei vielen Menschen negativ besetzt ist, so ist er als Antrieb erstmal völlig neutral. Denn »Dominanz« beinhaltet auch »gestalten können« oder »wirksam sein«. Doch genau in dieser Belegung kann bereits der Torpedo für Dein »Tu Du!« liegen. Ist »Dominanz« bei Dir sehr negativ konnotiert, dann wird sich alles in Dir sträuben, anderen Menschen zu sagen, was sie tun sollen, also sie zu dominieren. Findest Du hingegen »Dominanz« attraktiv, hast Du bereits einen positiven Antrieb in Dir, die Führung zu übernehmen. Ist »Vorsicht« Dein vorherrschendes Motiv, dann bist Du vielleicht sehr misstrauisch anderen Menschen gegenüber, vertraust am liebsten nur Dir selbst und hast gerne alles unter Kontrolle. Aufgaben dann vertrauensvoll abzugeben ist eine echte Challenge. Ist »Leistung« Dein Grundmotiv, kommen Dir vielleicht Aussagen wie diese bekannt vor: »Ich möchte gerne als engagiert gelten, da kann ich doch keine Aufgaben einfach abgeben!« oder »Wer vorankommen will, muss sich reinhängen!«.

Die spannende Frage ist also: Welche Motive beflügeln Dich auf eine positive Art, welche hemmen Dich eher beim Aufgaben-Abgeben? Welche Überzeugungen leiten sich daraus für Dich ab? Welche davon sind förderlich, welche davon sind limitierend bei Deinem Wunsch, auch mal andere Menschen arbeiten zu lassen?

Schritt 3: Selbstsabotage im Denkstil identifizieren

Seit vielen Jahren arbeite ich mit verschiedenen Präferenztypen, die uns zum Charakterkopf machen und darüber entscheiden, wie wir uns und unsere Aufgaben am besten organisieren, was uns interessiert, welches Lebens- und Arbeitsmodell für uns ideal wäre, bei welchen Tätigkeiten wir aufblühen, und sie spielen auch eine erhebliche Rolle beim Thema »Tu Du!«.

Stark vereinfacht ausgedrückt können wir in zwei unterschiedlichen Präferenzwelten zu Hause sein:
- Auf der einen Seite können wir eher zu den systematisch-analytischen Machern zählen. Das sind Menschen, die strukturiert vorgehen wollen, die gerne akribisch planen und sich an ihre erstellten Pläne halten wollen.
- Auf der anderen Seite können wir eher zu den Kreativen Chaoten zählen, die sich voller Neugierde auf alle neuen Themen stürzen, für die Abwechslung ein Lebenselixier ist und die häufig als empathische Unterstützer die eigenen Bedürfnisse hintanstellen.

Deine Präferenzen, auch Denkstil genannt, entscheiden darüber, wie Du mit Deiner Zeit und Deinen Aufgaben umgehst (»Zeitmanagement«) und auch, welche Aufgaben Du an andere Menschen abgibst (»Tu Du!«). Während die systematisch-analytischen Macher hervorragend mit klassischem Zeitmanagement klarkommen (Listen erstellen, Prioritäten vergeben, abarbeiten), ähneln die To-do-Listen der Kreativen Chaoten einem mehrseitigen Brainstorming, weil ihnen so viele Dinge einfallen, die sie machen könnten. Hier Prioritäten vergeben? Oder es schaffen, die Listen abzuarbeiten? Unmöglich.

Unser Denkstil, unsere Präferenz, an Aufgaben heranzugehen, ist derart tief in uns verwurzelt, dass ich sie früher auch gerne als »Talente« bezeichnet habe. Talent nicht im Sinne von »begnadet Fußball spielen können« oder »ein grandioser Pianist sein«, sondern Talent im Sinne von »Was geht mir leicht von der Hand, wobei blühe ich auf?«.

Basierend auf bestehenden wissenschaftlich validen Tools, die ich im Coaching und in Seminaren einsetze,[6] entwickelte ich für meine Bücher und meine Online-Kurse einen Gratis-Schnellcheck, die Präferenz-Typen, die bereits einen ersten Eindruck von unserer geistigen »Heimat« geben.

Finde heraus, in welcher Präferenz-Welt Du zu Hause bist. Das wird Dir helfen, Deinen Gewinn von »Ich mach es lieber selber!« besser zu verstehen. Denn je nachdem, wie Du »tickst«, ziehst Du einen anderen Vorteil daraus, wenn Du Aufgaben selbst erledigst, anstatt sie abzugeben. Einen Gratis-Selbstcheck dazu findest Du unter www.Kreative-Chaoten.com.

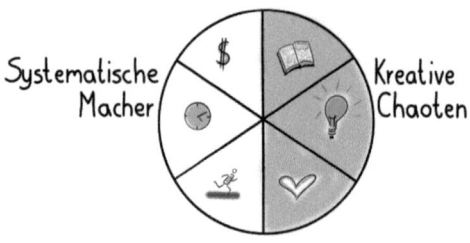

Die »Kreativen Chaoten« und ihr individueller Gewinn von »Ich mach's!«

Der wissbegierige Informationssammler (Wanda Wills-Wissen) liebt es, Neues zu lernen, Informationen zusammenzutragen und Wissen anzuhäufen. Sobald es also um solche Art von Aufgaben geht, wird er niemals gerne andere Menschen mit Recher-

chen oder ähnlichen Aufgaben betrauen, denn die machen ihm ja Spaß!

Der visionäre Ideensprudler (Igor Ideenreich) liebt es, neue Aktivitäten auszuprobieren und Neues zu schaffen. Abwechslung ist sein Lebenselixier. So gibt er häufig nicht ab, weil jede (neue) Aufgabe doch auch irgendwie schon wieder spannend ist, und Routinekram ist ja so schrecklich, das kann man ja keinem anderen zumuten.

Der kommunikative Unterstützer (Hanni Herzlich) ist die hilfsbereite Seele im Team, die aufblüht, wenn sie anderen Menschen helfen kann. Sie fühlt sich gebraucht, wenn sie viel selbst erledigt, und nimmt lieber anderen Menschen noch mehr Arbeit ab, als – im Gegenteil – anderen Aufgaben zu übertragen. Als geborener Unterstützer will sie anderen Menschen nicht gerne etwas aufbürden.

Die »Systematischen Macher« und ihr individueller Gewinn von »Ich machs!«

Der zielstrebige Umsetzer (Marc Macher) packt an, setzt um, treibt voran. Häufig ist er der begnadete Aufgaben-Abgeber, da er gerne Ressourcen (Menschen, Material, Maschinen) optimal einteilt und pushen kann, damit Deadlines und Ziele eingehalten werden. Sind ihm die anderen allerdings zu langsam, dann packt er lieber selbst an.

Der systematische Ordner (Ottmar Ordentlich) legt großen Wert auf zeitliche und dingliche Ordnung. Er plant gerne und mag Routinen, und so erledigt er gerne selbst viele Dinge, weil er dann hundertprozentig weiß, dass die Qualität stimmt und alles pünktlich und zuverlässig gemacht ist.

Der analytische Logiker (Dr. Annaliese Logisch) geht bei all seinen Aufgaben logisch und analytisch vor, braucht alle relevanten Zahlen, Daten und Fakten. Bei der Bearbeitung einer Aufgabe legt er Wert auf eine korrekte Ausführung, bis ins letzte Detail. Und ehe er lange anderen Menschen nachläuft, macht er es lieber selbst.

Du siehst also, dass unsere grundsätzlichen Präferenzen sehr starke »Gewinn«-Bringer sein können – und dann ist es kein Wunder, dass Du all die Dinge lieber selbst machst, die Dir leicht von der Hand gehen und Dir Freude bereiten, anstatt sie an andere Menschen abzugeben. Dank Deinem Charakterkopf, Deinem Naturell, sind all dies wertvolle Steine, die Du selbst in Deine Krüge hineinlegen willst.

Solltest Du das ändern? Nicht, wenn Du ausreichend Zeit hast für all die Aufgaben, die täglich bei Dir zur Erledigung anstehen – dann tob Dich hier richtig aus. Bleiben jedoch jeden Tag mehr Steine und Kiesel neben Deinem Krug liegen, als Dir lieb ist, kann die Erkenntnis aus diesem Abschnitt Dir vielleicht ganz gut erklären, warum das so ist.

Und dann können wir in Schritt 4 mit Deinen Erkenntnissen weiterarbeiten. Mach Dir gerne Notizen in Deinem Workbook, bevor wir uns die letzte Quelle Deines »Gewinns« anschauen.

Schritt 4: Selbstsabotage in den »Antreibern« identifizieren

Ob wir mal andere arbeiten lassen und die gewonnenen Freiräume für andere – wichtige – Aktivitäten nutzen oder nicht, hat letztendlich auch viel mit unseren inneren Antreibern zu tun. Antreiber sind wie kleine innere »Piesacker«, kleine innere Stimmen oder Teufelchen, die uns in ein bestimmtes Verhalten hineintreiben. Ob wir wollen oder nicht, wir folgen dem Ruf dieser Teufelchen und fallen deshalb immer und immer wieder in festgefahrene Verhaltensmuster. Damit schreiben wir das Drehbuch unseres Lebens, ein Skript, nach dem wir agieren.

Unsere inneren Antreiber erwachsen aus dem Einfluss, den uns nahestehende Menschen auf uns ausüben. Das können frühere Botschaften von Eltern an uns Kinder sein, Sätze oder auch Taten von Lehrern, Geschwistern, Sporttrainern und vielen mehr. Alles, was andere tun, hinterlässt in uns Spuren, die uns prägen.

Sehr häufig meinen es die Bezugspersonen gut mit uns als Kinder, wenn sie beispielsweise sagen: »Pass auf, dass Du nicht von der Schaukel fällst!« Ihre Sätze oder Taten resultieren aus *ihrem* Blick auf die Welt und werden als Ratschläge an uns weitergegeben. Nun kann es aber sein, dass Dich diese Ratschläge auf dem völlig falschen Fuß erwischen und Du denkst, der andere traue Dir nichts zu. Dein Selbstwertgefühl bekommt einen Knacks – und auch später noch im Leben haderst Du mit Dir, dass Du ja gar nichts gut kannst. Oder Du übernimmst die vorsichtige Haltung des anderen und versuchst auch später im Leben, Risiken zu vermeiden.

Wie gesagt: Per se ist das alles nicht schlimm. Aber es kann sich unter Umständen als für Dich sehr hinderlich herausstellen, wenn Du solche alten Überzeugungen mitschleppst, die Deinen Erfolg eher sabotieren, als dass sie Dir guttun.

Mit verbalen und auch nonverbalen Botschaften haben uns die Menschen in unserem Umfeld »Glaubenssätze« und Überzeugungen mitgegeben, die uns antreiben. Generell ausgedrückt sind Glaubenssätze Sätze, von denen wir glauben, dass sie *immer* wahr sind. Beispielsweise »Nachts wird es dunkel« oder »Im Winter ist es kalt«. Wir glauben diese Sätze so lange, bis wir eine völlig andere Erfahrung machen: weil wir zu Mittsommernacht im Norden Europas sind und nachts um 4 Uhr mit Sonnenbrille Autofahren müssen oder den deutschen Winter bei 40 Grad im Schatten in Australien verbringen. Und merken: Diese Aussagen stimmen gar nicht immer. Wir glauben an bestimmte Dinge so lange, bis wir sie als »unwahr« entlarven.

Seit vielen Jahren nutze ich die Erkenntnisse der Antreiberforschung, um zu erklären, welche »Gegenwinde« uns immer wieder von unserem Geht-ja-doch-Projekt wegblasen, also von unseren Wünschen und Träumen. Und interessanterweise pfuschen sie uns auch gerne ins Handwerk, wenn wir mal andere Menschen arbeiten lassen wollen.

Welche Antworten hast Du im Auftakt-Check als »trifft eher zu« angekreuzt aus der Rubrik der E-Antworten? Bitte blätter zurück zum Check und achte auf die Kürzel in Klammern am Ende der Aussage.

Die Kürzel stehen für folgende inneren Saboteure:
- Das »P« steht für: Sei perfekt!
- Das »S« steht für: Beeil Dich!

- Das »Str« steht für: Streng Dich an!
- Das »N« steht für: Sei nett!
- Das »Sta« steht für: Sei stark!
- Das »V« steht für: Sei vorsichtig!

Wo hast Du Deine Kreuze gemacht? Diese inneren Widersacher erschweren es Dir, Aufgaben erfolgreich an andere Menschen abzugeben. Und natürlich haben wir in der Regel immer mehrere Antreiber, die uns in der Summe ganz schön zum Wahnsinn treiben können.[8] Können – aber nicht müssen.

Denn: Per se sind diese Antreiber nicht »böse« oder schlimm. Jedes dieser Teufelchen war und ist auch eine wichtige innere Ressource, ohne die Dir vieles im Leben sicherlich nicht so gut gelungen wäre. Ohne Deine Antreiber hättest Du auch keine Erfolge gefeiert und keine glücklichen Momente erlebt. Deshalb geht es auch nicht darum, den inneren Teufelchen das Handwerk zu legen, sondern wir wollen sie zu Freunden machen. Wir wollen sie bewusst wahrnehmen und bewusst die positiven Aspekte ihres Treibens nutzen.

Vielleicht kennst Du Deine Antreiber bereits aus meinem Buch »Lass Mal Alles Aus!« oder aus dem Online-Training »Innere Saboteure zu Freunden machen«? Ansonsten hol Dir gerne ausführlichen Input dazu in Deinem kostenlosen Workbook zum Buch.

Hinweis: Natürlich sind wir immer eine Mischung aus verschiedenen Antreibern. In der Regel dominieren jedoch zwei oder drei Teufelchen und prägen damit am stärksten Dein Verhalten. Welche sind es bei Dir?

Hier eine Kurz-Übersicht, welche Antreiber Dein »Tu Du!« beeinflussen:[9]

Antreiber »Sei perfekt!«

Perfektionisten fordern absolute Makellosigkeit. Sie legen die Messlatte an das eigene Tun ganz weit nach oben und erwarten korrektes, gründliches, fehlerfreies Tun – bis ins letzte Detail. Mit sich selbst sind sie besonders streng, was ein perfektes Ergebnis anbelangt. Die Aufforderung »Sei perfekt!« kann sich an uns selbst richten oder als extrem hoher Anspruch auch an Menschen in unserem Umfeld. Liefert jemand ein unperfektes Ergebnis, dann sieht der Perfektionist in uns rot!

Warum »Sei perfekt!« Dein »Tu Du!« beeinflusst:
Häufig perfektioniert »Perfektus« sein Tun über Jahre. Dank viel Praxis, Routine, vieler Schulungen und Korrekturen erreicht er ein Spitzenniveau bei seinen Aufgaben. Und dann ist es tatsächlich fast ein Ding der Unmöglichkeit, jemanden zu finden, der auch nur annähernd so gut leisten kann wie er. Es wird schwer sein, perfekte Ergebnisse zu erhalten, wenn ein Dritter am Werke ist. Und das ist Grund genug für den Perfektionisten, gar nicht erst an »Tu Du!« zu denken. Wenn doch, dann wird er die Resultate der anderen meist nochmal nachbessern. Was blöd für sein eigenes Zeitbudget ist, und demotivierend für den anderen.

Antreiber »Sei stark!«

Menschen mit diesem Antreiber zeigen keine Schwäche. Sie haben gelernt, alles alleine zu schaffen. Sie zeigen Durchsetzungs- und Durchhaltevermögen und würden niemals durchschimmern lassen, dass sie gerade ratlos, erschöpft oder schwach sind. Körperliche Stress-Signale drücken »Sei stark!«-Menschen weg und machen weiter. Der Körper muss gefälligst funktionieren! Sie vertrauen oft nicht auf andere, nur auf sich selbst. Sie lassen sich ungern sagen, was sie zu tun haben, und reagieren allergisch auf Fremdbestimmung.

Warum »Sei stark!« Dein »Tu Du!« beeinflusst:
Wer glaubt, dass ohne ihn alles zusammenbricht, und wer »seinen Mann steht«, egal um welchen Preis, der will nicht gerne Aufgaben abgeben. Abgeben klingt nach Kapitulation, nach »ich bin schwach«, nach »ich habe es nicht mehr im Griff«. Menschen mit diesem Antreiber brauchen ein großes Aufgabenpensum für das eigene Selbstwertgefühl – und je weniger sie abgeben, desto toller und wichtiger sind sie. Delegieren nagt also am Selbstwert und Heldenstatus. Müssen diese Menschen delegieren (weil sie Führungskraft sind), so werden sie immer mit einer Hand am Projekt bleiben. Um dann auch schnell »Feuerwehr« spielen zu können.

Antreiber »Streng Dich an!«

Menschen mit diesem Antreiber glauben, dass Erfolge, die nicht auf harter Anstrengung basieren, nichts wert sind. Alles, was leicht machbar ist oder am Ende noch Spaß bringt, erscheint ihnen wertlos und verpönt. Tiefhängende Früchte ernten sie deshalb nicht – nur die von ganz oben sind es überhaupt wert, ins Tun zu kommen. Sie sind fleißig, diszipliniert und pflichtbewusst. Sie wählen immer den schwierigsten Weg, nehmen die größten Hindernisse, selbst wenn ein leichter Weg frei zugänglich ist. Sie sind die Druckmacher der Nation. Ist kein Druck da, dann erzeugen sie eben künstlich einen oder betonen lauthals all die Schwierigkeiten, die zu meistern waren.

Warum »Streng Dich an!« Dein »Tu Du!« beeinflusst:
»Streng Dich an!«-Menschen wollen sich anstrengen. Aber wenn sie Aufgaben an andere abgeben, dann ist es ja nicht mehr schwer, Resultate zu erzielen. Nein, da muss schon der *eigene* Schweiß fließen, damit die Arbeit wertvoll ist. Und müssen sie (als Führungskraft) doch abgeben, werden mit Sicherheit die anderen nicht gut performen und die gesamte Zusammenarbeit wird echt schwierig sein! Nur wenn sie als Führungskraft richtig mit Gas geben oder den schwierigen Kollegen richtig Dampf machen, wird alles gut werden. So scharen sie am liebsten »unfähige« Mitarbeiter um sich – denn dann leuchtet der eigene Stern umso heller.

Antreiber »Beeil Dich!«

Der Hektiker in uns will alles schnell, sofort und am besten gleichzeitig erledigen. »Beeil Dich!«-Menschen haben ein hohes Sprech-, Arbeits- und Lebenstempo. Sie haben Angst, untätig zu sein, verbieten sich das Innehalten und das ruhige Vorausdenken von Projekten. Ihr Anspruch ist es, so viel wie möglich zu schaffen – oder zu erleben. Sie haben Angst, etwas zu verpassen, und so sind »Beeil Dich!«-Typen der beste Kandidat für das neue Phänomen FOMO (Fear of missing out). Immer in Aktion, immer unterwegs.

Warum »Beeil Dich!« Dein »Tu Du!« beeinflusst:

Da »Beeil Dich!«-Menschen sehr viel in sehr kurzer Zeit schaffen, erwarten sie das häufig auch von anderen Menschen. So sind sie schnell genervt, wenn die anderen viel zu lange für eine Aufgabe brauchen, bis sie liefern. Weil sie nicht gerne lange warten, machen sie es halt lieber selbst. Da sie oft die begnadeten Last-Minute-Performer sind, fällt es ihnen schwer, Projekte so weit im Voraus zu durchdenken, dass sie frühzeitig genug Aufgaben an andere delegieren könnten. Und am Ende bleibt dann tatsächlich häufig nur das Selbstmachen, weil für Abgeben einfach keine Zeit mehr bleibt. Müssen sie abgeben (als Führungskraft), strapazieren sie häufig die Nerven der anderen, die sich an das Last-Minute-Arbeiten anpassen und nicht selten in Nachtschichten das Gewünschte noch schnell produzieren müssen.

Antreiber »Sei nett!« (»Mach es allen recht!«)

Dieser Antreiber erwartet, dass wir immer lieb und nett sind und es anderen Menschen immer recht machen. Wir sind dafür verantwortlich, dass es den Kollegen, dem Partner, den Kindern, den Nachbarn gut geht. Und so sind »Sei nett!«-Menschen in erster Linie mit der Frage befasst, was sich der andere wohl wünscht und was ihm guttun könnte.

Sie sind stolz darauf, »mit allen gut zu können«. Nicht dazuzugehören ist für sie eine der schlimmsten Ängste, und so tun sie alles dafür, um Anerkennung zu bekommen. Oft, indem sie die Bedürfnisse der anderen über die eigenen stellen.

Warum »Sei nett!« Dein »Tu Du!« beeinflusst:

»Sei nett!«-Menschen haben häufig ein Problem damit, andere um Unterstützung zu bitten. Lieber übernehmen sie freiwillig sogar noch mehr, anstatt mal abzugeben. Sollen sie delegieren (weil Aufgaben im Team anders verteilt werden sollen oder weil sie Führungskraft sind), dann fragen sie höflich, ob dies dem anderen überhaupt passe, suchen gemeinsam nach Lösungen, wie der andere das zeitlich bewältigen kann, und machen beim geringsten Anzeichen von Abwehr einen Rückzieher. Sie holen bei Entscheidungen gerne »alle mit ins Boot« und haben einen kooperativen Führungsstil. Als »nette« Chefs übernehmen sie dann schnell auch wieder operative Tätigkeiten, nur um das Team zu entlasten.

Antreiber »Sei vorsichtig!«

»Sei vorsichtig!«-Menschen sorgen sich häufig um ihre (körperliche) Sicherheit und ihre Lebensgrundlage. Oft empfinden sie die Welt um sich als bedrohlich. »Sei vorsichtig!«-Menschen begegnen ihren Mitmenschen eher misstrauisch und wittern sogar hinter netten Gesten eine Finte, damit sich der andere bereichern kann.

Warum »Sei vorsichtig!« Dein »Tu Du!« beeinflusst:
»Sei vorsichtig!«-Menschen trauen anderen Menschen oft nicht wirklich über den Weg, und so scheuen sie sich, anderen Verantwortung oder Projekte zu überlassen und damit beispielsweise die eigene Position zu schwächen. Wer Angst um seine Existenzgrundlage hat oder um seinen Job, der wird niemals freiwillig Angriffspunkte liefern. Muss der »Sei vorsichtig!«-Mensch doch Aufgaben abgeben, dann wird er einen Teil der Informationen zurückhalten oder das letzte i-Tüpfelchen doch am liebsten selbst machen, nur um die Kontrolle über die Sache zu behalten. Egal, wie wichtig oder unwichtig die Aufgabe letztendlich ist – aus Angst vor negativen Konsequenzen verteidigt der »Sei vorsichtig!«-Mensch seine Pfründe. Das bindet wertvolle Zeit und

demotiviert die Kollegen, die das mangelnde Vertrauen deutlich spüren. Und wenn er mal abgibt, dann wird er versuchen, das »Tu Du!«-Risiko so gut wie möglich zu minimieren.

Den Gewinn »drehen«

Jetzt, wo Du drei individuelle Quellen von »Gewinn« kennengelernt hast (Lebensmotive, Präferenzen und Antreiber), können wir mit Deinen persönlichen Vorteilen weiterarbeiten.

Einen sehr großen Schritt hast Du dabei bereits auf den letzten Seiten gemacht. Denn je besser Du Dich kennst, desto bewusster und gezielter kannst Du Dein Leben, Deinen Alltag und vor allem auch das Thema »Tu Du!« gestalten. Ich bin fest davon überzeugt: Wer andere Menschen beschäftigen will, der muss sich zuerst mit sich selbst beschäftigen!

Es gilt, die eigenen Stärken zu sehen, und vor allem gilt es, unsere »blinden Flecke« zu erkennen. Je besser Du Dich kennst und je bewusster Du Dir Deiner Persönlichkeitsfacetten bist, desto leichter wirst Du Erfolge erlangen.

Hast Du Dir Notizen gemacht zu Deinen Gewinnen? Lass uns jetzt schauen, wie Du Deine bisherigen Gewinne durch »Selbstmachen« drehen oder weiterentwickeln kannst, damit Du ähnlich gute Gefühle erntest, wenn Du Aufgaben *abgibst*.

Folgende Fragen können Dir dabei helfen:
- Auf welche Weise könnte ich meinen derzeitigen Vorteil erleben *und* gleichzeitig Aufgaben abgeben?
- Was müsste passieren, damit sich »Aufgaben abgeben« in Hinblick auf meinen bisherigen Gewinn wirklich gut für mich anfühlt?

- Wer oder was hat mir diesen Floh des »Gewinns« ins Ohr gesetzt? Wo kommt der Gedanke möglicherweise her? Stimmt der wirklich? Stimmt der immer?
- Wie kann ich den bisherigen Gewinn mit meinem Wunsch, Aufgaben abzugeben, vereinbaren?

Beispiel 1: »Ich fühle mich gebraucht, wenn ich viel selbst erledige.«
Thomas stellte sich folgende Fragen: »Für was brauchen meine Mitarbeiter mich *tatsächlich*? Welchen Nutzen könnte ich ihnen geben, wenn ich mich weniger selbst um alles kümmere?«
Seine Antworten: »Ich könnte meine Leute coachen, damit sie sich weiterentwickeln können. Ich könnte ihnen den Rahmen schaffen, damit sie wachsen können. Ich könnte mich endlich bei der Geschäftsführung starkmachen, dass wir die lange versprochenen Schallschutztüren bekommen und meine Leute einen angenehmeren Arbeitsplatz haben.«

Beispiel 2: »Ich beweise damit, dass ich nichts Besseres bin, nur weil ich jetzt Führungskraft bin.«
Dieser Satz stammt von Jenny, einer Führungskraft in einem großen Konzern. Auf der Suche nach dem Floh des »Besserseins« im Ohr fiel ihr ein, dass ihre Mutter immer von deren reichen Nachbarin und von Ex-Bundeskanzlergattin Hannelore Kohl erzählte, die sich trotz ihres Geldes und Bekanntheit nicht »zu schade waren, selbst ihre Häuser zu putzen«. Sven, ein anderer Klient, notierte den gleichen Satz, sein »Floh im Ohr« war allerdings eine Weisheit des Schauspielers und Regisseurs Jaques Tati, die er mal gelesen hatte: »Wer sich zu groß fühlt, um kleine Aufgaben zu erfüllen, ist zu klein, um mit großen Aufgaben

betraut zu werden.« In beiden Fällen führte der »Floh im Ohr« dazu, dass beide in ihrer Führungsrolle nicht so gut delegierten, wie sie gerne wollten.

Sowohl Jenny als auch Sven erkannten sofort, was sie in ihr »Muster« getrieben hatte – und jetzt konnten wir darüber nachdenken, wie sie »nichts Besseres« sein konnten und dennoch Aufgaben abgeben. Wir sammelten also Ideen, wie eine bodenständige, nicht abgehobene, nicht arrogante Führungskraft agieren würde, und was das für das Führungsverständnis der beiden bedeutete. Auf diese Weise entwickelten Jenny und Sven ihren Führungsstil auf einer ganz neuen Basis.

Beispiel 3: »Wenn ich ehrlich bin, dann ist es doch echt peinlich, wenn mein Mann das Bad putzt.«
Du ahnst es sicher schon: Thea war mit einem sehr traditionellen Familienbild aufgewachsen. Ein Mann, der putzt? Undenkbar! Doch solange sie Badputzen als »entmännlichend« empfand, war es kein Wunder, dass sie liebend gerne jeden Kalkrand als Grund nahm, ihrem Schatz den Putzlappen abzunehmen. Und obwohl uns heute ein neues Rollenbild des »modernen Mannes« vermittelt wird, der neben Karriere selbstverständlich auch im Haus seinen Part übernimmt – Thea zerrieb sich zwischen all den »Vorbildern«. Im Coaching stellte sie für sich fest, dass der Gewinn eines »echten Mannes« zu Hause deutlich höher war als die zeitliche Entlastung, und sie beschloss, diese Aufgabe tatsächlich auch in Zukunft selbst zu erledigen.

Warum erzähle ich Dir dieses Beispiel? Weil es sein kann, dass Dein Gewinn des Selbstmachens tatsächlich größer ist als der Gewinn von »Tu Du!«. Wenn wir uns das eingestehen, dann können wir aufhören mit Grübeln, Hadern oder bei Dritten über die »Unfähigkeit des anderen« zu lamentieren. Zudem ersparen wir uns viele Diskussionen und Konflikte, die durch Nörgeln und Nacharbeiten entstehen.

In diesem Fall: Sag aus vollem Herzen »Ich mach's!« – und schau Dir lieber andere Kiesel- oder Sand-Aufgaben an, ob Du diese abgeben willst.

Ist Dein Krug dann immer noch zu voll mit unwichtigem Zeug, kann es hilfreich sein, sich die Nachteile von »Ich mach's!« vor Augen zu führen.

Nachteile, wenn wir Aufgaben nicht abgeben

Unbestritten hat es viele Nachteile, wenn wir uns um alles selbst kümmern wollen. Sich für alles und jeden zuständig zu fühlen, führt mittelfristig in eine Überforderung von uns selbst und mündet irgendwann auch in der kompletten Demotivation. Irgendwann ist auch beim geduldigsten Packesel der Punkt erreicht, wo er sich ausgenutzt fühlt und sich als »Depp vom Dienst« betrachtet.

Mach Dir mal ganz nüchtern die Konsequenzen klar, die es mittelfristig auf Dich, Deine Gesundheit, Deine Motivation, Deine Leistung hat, wenn Du zu viele Bälle bei Dir behältst.

Und mach Dir bitte auch mal klar, welche Konsequenzen Dein Verhalten für andere Menschen hat. Was für einen Schaden richtest Du an, weil Du Aufgaben nicht abgibst? Aufgaben, die gut und gerne jemand anderer machen könnte – den Du aber

nicht ranlässt. Ja, mag sein, dass Du aus sehr hehren Gründen agierst, es »nur gut meinst«. Betrachte aber auch mal die andere Seite der Medaille, dass Du möglicherweise
- andere Menschen klein hältst, wenn Du ihnen zu viel abnimmst.
- anderen die Chance nimmst, sich zu beweisen, zu wachsen, zu reifen.
- andere bevormundest.
- verhinderst, dass andere Erfahrungen machen.

Achtung, Verwöhnfalle!

In meinen Vorträgen nenne ich das gerne die »Verwöhnfalle«: Wir verwöhnen unser Umfeld, unsere Kollegen, unsere Partner, unsere Kinder damit, ihnen so gut wie möglich Aufgaben abzunehmen, anstatt sie souverän auch in Alltagspflichten miteinzubeziehen. Das geht damit los, dass Eltern ihren sechsjährigen Kindern noch die Schnürsenkel binden, und endet noch lange nicht bei Geschäftsführern, die nach Feierabend – wenn alle schon weg sind – durch die Büros gehen und die benutzten Kaffeetassen der Mitarbeiter einsammeln. Bis unsere Lieben tatsächlich nicht mehr in der Lage sind, solche Handgriffe selbst zu erledigen. Und dann sagen wir mit Fug und Recht: »Ohne mich schaffen die das nicht!« Klar, wir haben sie ja in eine erlernte Hilflosigkeit hinein erzogen.

Noch gravierender ist es allerdings, wenn es nicht bei den Schnürsenkeln und Kaffeetassen bleibt, sondern wir den anderen Aufgaben vorenthalten, die eine echte Herausforderung wären. Das hat fatale Folgen für die Kollegen und sogar für das ganze Unternehmen. Wer mögliche Unterstützer nicht wirklich

einbindet, der riskiert, dass diese die Lust am Arbeiten verlieren und sich langweilen. Auf 122 Milliarden Euro schätzen Experten den jährlichen gesamtwirtschaftlichen Schaden, weil Berufstätige nicht ausreichend eingebunden und gefordert sind.[10] »Bore-out« greift um sich – ein Ausgebranntsein aufgrund von Langeweile.

Einstellung ändern durch Perspektivenwechsel

Betrachte die grassierende Vorliebe für »Ich mach's!« unbedingt auch mit den Augen der anderen. Überprüf als neutraler Beobachter, wie sich Dein Verhalten – das wir mittlerweile ja gut erklären können – aus Sicht anderer Menschen darstellt, die Deine inneren Beweggründe nicht kennen und deshalb nicht nachvollziehen werden.

Schauen wir uns nochmals die Statements aus dem Selbstcheck an. Bei welchen Aussagen hast Du »trifft eher zu« angekreuzt? Lies Dir die Impulse zu den Aussagen durch, die Du ausgewählt hattest.

»Ich habe sehr hohe Ansprüche an die Qualität einer Leistung, und da ist es fast unmöglich, jemanden zu finden, der so gut arbeitet, wie ich es will.«

Je mehr Du in Deinen Themen der Experte bist und je mehr Praxis und Routine Du bei Deinen Aufgaben hast, desto besser wirst Du selbstverständlich sein als die anderen. Aus Dir sprechen der Antreiber »Sei perfekt!« und das Grundmotiv »Leistung«, die gerne zum Selbstmachen verführen. Wenn Du weiterhin alles selbst machst, dann wirst Du auch weiterhin »der Beste« bleiben und Deine Tage werden entsprechend voll mit diesen Aufgaben sein. Zeit für neue Herausforderungen? Fehlanzeige! Damit verhinderst Du nicht nur Dein eigenes persönliches Wachstum, sondern auch das Deiner Mitmenschen. Gib Deinen Mitarbeitern und Familienmitgliedern eine Chance, in diese Aufgaben hineinzuwachsen, Erfahrungen zu sammeln und so auf Dein Level von perfekter Leistung zu kommen, wie Du Dir das wünschst.

»Ich bin sehr belastbar, und viel Arbeit macht mir nichts aus.«

Diese Aussage höre ich sehr häufig von Menschen, die alleine für ihr Aufgabenpensum viel Lob erhalten. Die Masse macht's! Erkennst Du das Grundmotiv »Leistung« und den Antreiber »Sei stark!« darin? Mit diesen Peitschenschwingern im Nacken macht es Dich stolz, auf einen Riesenberg geschaffter To-dos zu blicken, als Leistungsträger und Fels in der Brandung zu gelten. Aufgaben mal abzugeben käme einer Niederlage gleich, fühlt sich »faul« an. Solange Du auf der anderen Seite noch genügend Zeit für Pausen, Erholung und Regeneration und ausreichend Zeit für Deine wertvollen Steine hast – mach weiter. Mach Dir aber bitte auch klar, dass es absolut keine Schwäche ist, wenn wir Aufgaben abgeben – im Gegenteil. Wer frühzeitig Aufgaben delegiert, zeigt einen souveränen Umgang mit seinen Ressourcen »Zeit« und »Energie« und sorgt auch langfristig dafür, als Leistungsträger zur Verfügung zu sehen. Wer sich selbst verheizt, tut auch dem Team keinen Gefallen. Denn dann fällt er für eine sehr lange Zeit aus. Dumm für ihn – dumm für alle!

»Es muss doch zu schaffen sein, dass ich alle meine Aufgaben selbst erledige. Andere geben doch auch nichts ab.«

Quasi nahtlos schaffen wir es manchmal, das Staffelholz von einem Antreiber an den anderen zu übergeben. Kommen wir mit »Sei stark!« nicht mehr weiter, dann heißt es eben »Streng Dich an!«. Nach dem Motto: »Wenn es leicht wäre, könnte es ja ein jeder.« Jetzt erst recht wollen wir es allen beweisen. Angetriggert vom Leistungs-Motiv und dem »Streng Dich an!«-Antreiber ziehen wir unseren Wert daraus, dass es anstrengend ist – je anstrengender, desto besser! Wenn Arbeit nicht wehtut, dann ist es keine Arbeit! Für die Früchte unserer Arbeit müssen wir uns hoch strecken. *Wir* – nicht die anderen! Ein fataler Teufelskreis und eine höchst destruktive Überzeugung. Richte Deinen Blick eher auf Menschen, die Du in ihrem Führungsverhalten gut findest und die sehr souverän delegieren. Selbstverständlich geben andere Menschen Aufgaben ab – mach Dich selbst bitte mal auf die Suche nach »Vorbildern«, die die Aufgaben, an denen Du Dich derzeit abarbeitest, delegieren. Das können Kollegen in Deinem Umfeld sein, das können aber auch Menschen aus einem völlig anderen Bereich sein.

Halt Dir vor Augen: Dein Wert bemisst sich nicht am *Pensum*, das Du stemmst, sondern an den *Ergebnissen*, die durch Dich (und klug eingesetzte Teammitglieder) möglich werden. Mach

Dir klar: Eine Führungskraft heißt Führungskraft – und nicht Machkraft.

»Meist brauche ich die Ergebnisse so schnell, dass gar keine Zeit ist, andere Menschen damit zu beauftragen.«

Highspeed-Menschen brauchen ein gutes Zeitmanagement, um frühzeitig Aufgaben zu erkennen, die sie abgeben können. Die Betonung liegt auf »frühzeitig«. Spürst Du, wie Dir Dein »Beeil Dich!«-Antreiber in die Hacken tritt? Und häufig sind es auch die »Igor Ideenreichs«, denen auf den letzten Drücker auffällt, was noch alles zu tun ist. Menschen mit einem hohen Tempo haben tatsächlich oft ein Talent, auf den letzten Metern richtig gut, produktiv und leistungsfähig zu sein. Wenn dies allerdings regelmäßig dazu führt, dass am Ende alles an Dir hängen bleibt und Dich das zunehmend nervt, dann leg mehrmals die Woche Reflexionszeiten ein, um anstehende Aufgaben zu überdenken und Dir somit einen guten zeitlichen Puffer zu verschaffen, Aufgaben an Dritte zu geben. Bislang hast Du sicherlich viel Bestätigung und vielleicht sogar auch Lob von anderen für Dein Engagement kurz vor Ultimo erfahren. Versuch zunehmend, diesen »Gewinn« zu verlagern auf den Gewinn an freier Zeit für Dich und ein großes Lob an Dich selbst für Deinen Weitblick. Trainier in diesem Zusammenhang auch Deine Geduld, wenn andere Menschen für die Aufgaben länger Zeit brauchen, als Du brauchen würdest. Je mehr Praxis sie bekommen, desto schneller werden auch sie. Und such Dir idealerweise Umsetzer, die ebenfalls von Natur aus ein hohes Tempo haben – dann macht Dir das Aufgaben-Abgeben gleich noch mehr Spaß. Versuch so gut wie möglich, frühzeitig Aufgaben abzugeben, denn selbst wenn Du die Last-Minute-Arbeit auf mehrere Schultern verteilst – auch viele Unterstützer können unter enormem Zeitdruck oft nicht mehr das leisten, was verlangt wird. Oder um es mit einem Management-Bonmot auszudrücken: »Man kann kein Baby in einem Monat zur Welt bringen, indem man neun Frauen gleichzeitig schwängert.«

»Ich helfe gerne anderen Menschen und nehme lieber *denen* die Arbeit ab, als ihnen Aufgaben zu geben. Besonders, wenn die eh schon total viel zu tun haben.«

Es ehrt Dich, dass Du achtsam auf das Wohlbefinden der andern blickst. Da spricht sehr viel »Hanni Herzlich« und auch der Antreiber »Sei nett!« aus Dir. Dein vorherrschendes Grundmotiv ist sicherlich »Zugehörigkeit«. Ja, es ist für ein erfolgreiches Aufgaben-Abgeben wichtig, auch die zeitliche Verfügbarkeit des anderen zu klären. Tu dies allerdings ganz konkret, indem Du mit der betreffenden Person klar sprichst. Es kann nämlich sein, dass Du lediglich *denkst*, die anderen seien dicht getaktet, weil sie beispielsweise stark jammern, aber de facto handelt es sich nur um ein vorgeschobenes Beschäftigtsein, ein gesellschaftsfähiges »Ach, ich bin ja so gestresst!«. Auf Nachfrage stellt sich häufig heraus, dass doch Zeitreserven da sind – bingo! Mehr Impulse dazu bekommst Du im Kapitel »Die Fünf Goldenen Prinzipien für erfolgreiches ›Tu Du!‹«.

Halt Dir auch vor Augen, dass sich in den vergangenen Jahren die grundsätzliche Tonalität bei »Tu Du!« komplett verändert hat. Haben Vorgesetzte, aber auch Eltern, früher sehr direktiv Weisungen erteilt, wenn sie andere arbeiten lassen wollten, so hat sich in vielen Unternehmen und Familien vor Jahren der kooperative Führungsstil durchgesetzt, bei dem alle Beteiligten erst mal ins Boot geholt werden. Aufgaben werden nicht mehr einfach »zugeteilt«, sondern gemeinsam beschlossen. Mitarbeiter, Partner oder die eigenen Kinder erhalten ein Mitsprache- und Mitentscheidungsrecht.

Unter dem Schlagwort »New Work« und »Agilität« hat sich Führung und Aufgaben-Abgeben noch weiter verändert. Heute sind Vorgesetzte keine Anweisenden mehr, sondern vielmehr Coaches und Facilitatoren (Prozessbegleiter, Moderatoren). Sie schaffen die formalen Bedingungen, damit ihre Teammitglieder inhaltlich effektiv und konzentriert arbeiten können. Statt Vordenker, Vorprescher und Leitwolf zu sein, ändern sich viele Führungskonzepte von einer »Leader as a hero«- zur »Leaders as hosts«-Mentalität. Der amerikanische Berater Robert Greenleaf schuf bereits in den 1970er-Jahren die Idee des »Servant Leadership« – eine Philosophie, in der Führen als »Dienst am Geführten« betrachtet wird, im Gegensatz zum »beherrschenden Führen«. Das neue Credo: dienen statt delegieren, moderieren statt managen. Schön, oder?

»Wenn ich zu viele Aufgaben und Verantwortung abgebe, dann riskiere ich, von möglichen Rivalen ins Abseits gedrängt zu werden.«

Hörst Du Deinen »Sei vorsichtig!«-Antreiber sprechen? Wo kommt er her? Kennst Du ein solches Abdrängen vom Hörensagen? Oder ist es Dir persönlich schon mal passiert? Wenn es vom Hörensagen kommt: Halt Dir vor Augen, dass in Scheiter-Geschichten ganz häufig der andere der Buhmann ist und wir überhaupt nicht nachvollziehen können, was letztendlich wirklich zur »Machtübernahme« durch den vermeintlichen Rivalen geführt hat. Wer weiß – am Ende war der wirklich einfach geeigneter?

Dir ist es selbst so ergangenen? Du hast stark vertraut – und hast es teuer bezahlt? Das tut mir leid, dass Du diese Erfahrung machen musstest! Es ist bitter, dass unser Vertrauen oft missbraucht wird von Menschen, die das Vertrauen nicht verdient hatten. Und es ist völlig verständlich, dass Du jetzt lieber auf der Hut bist. Allerdings ist es fatal, wenn Deine Vorsicht dazu führt, dass Du zu wenig abgibst. Denn so überlastest Du Dich schnell mit Aufgaben, die nicht zu Deinen wertvollen Steinen zählen. Finde zu Deiner Kraft zurück, indem Du zu Beginn engere Feedbackschleifen vereinbarst und mehr Kontrolle ausübst, als Du es von Deinem Naturell her machen würdest. Impulse dazu findest im Kapitel »Die Fünf Goldenen Prinzipien für erfolgreiches ›Tu Du!‹«.

»Wenn ich (noch mehr) von meinen Aufgaben abgebe, dann habe ich bald gar nichts mehr zu tun.«

Du hast völlig recht! Wenn Du Aufgaben abgibst, entsteht idealerweise ein Freiraum, eine Leere. Warum »idealerweise«? Weil Du zwar oft abgibst, aber eine Menge Zeit dann damit vergeudest, zu erklären, Feedback zu geben und korrigieren zu lassen, und dann verlagert sich Deine Zeit lediglich von »Ich mach's!« zu »Ich bin hinterher, dass es gut gemacht wird!«. Das ist nicht das, was wir erreichen wollen.

Ja, es kann sein, dass Du Dein anstehendes Aufgabenpensum zeitlich im Prinzip ganz gut schaffst. Jetzt abzugeben macht aus *Zeit*-Gründen deshalb auch keinen Sinn. Aber denk mal nach: Wenn Du Zeit zur freien Verfügung hättest – welche großartigen Möglichkeiten stünden Dir dann offen? Welche Weiterbildungen könntest Du belegen, um weiter an Deinen Führungsqualitäten zu arbeiten? Welche Verbesserungen könntest Du in Deinem Leben, in Deinem Team, für Dein Unternehmen auf den Weg bringen? Verbesserungen, für die bislang die Muße gefehlt hat, sie gedanklich zu durchdringen?

Führungskräfte und Mitarbeiter berichten häufig, dass sie nie Zeit zum Nachdenken, zum Hinterfragen, zum grundsätzlichen Durchdenken von Projekten haben, weil sie zu sehr vom Tagesgeschäft getrieben sind. Sie sind wie der Waldarbeiter im Wald, der mit einer stumpfen Säge versucht, Bäume zu fällen. Nimm die durch Delegation gewonnene Zeit, um Deine Säge, Dein Handwerkszeug, Eure Arbeitsabläufe zu »schärfen«. Diese Art von Arbeiten fühlen sich vielleicht nicht nach »Arbeit« an, das sind jedoch die wertvollsten und wertschöpfendsten Steine überhaupt.

Nimm Dir ein Beispiel an Edgar Pisani, dem französischen Politiker und ehemaligen EG-Kommissar, der meinte: »Chef ist nicht der, der etwas tut, sondern der das Verlangen weckt, etwas zu tun.« Und lass Dir den Rücken stärken von Cord Bruegge, Geschäftsführer des Hamburger Supply-Chain-Unternehmen Oceanwide Logistics, der im Interview sagte: »Als Manager lese ich auch mal stundenlang Zeitung, um mich über neue Gesetze oder Börsenzahlen zu informieren. Oder ich starre an die Decke, um darüber nachzudenken, wie ich ein Problem löse.«[11] Yes!

Knie Dich vorrangig ins Kapitel »Klare Prioritäten« rein und definier Deine wertvollen Steine neu. Such initiativ neue Verantwortlichkeiten und Tätigkeitsbereiche, die nur Du momentan besetzen kannst, und nutz die Freiräume dank »Tu Du!« für diese neuen Herausforderungen.

Vermeide damit, in die Falle vieler »Frühstücksdirektoren« zu tappen. Das sind Vorgesetzte, die so erfolgreich alle Aufgaben und Verantwortlichkeiten abgegeben haben, dass sie selbst komplett überflüssig geworden sind. Sie haben den Laissez-faire-Führungsstil so wörtlich genommen, dass sie ihre Leute komplett führungslos werkeln lassen. So ist das aber nicht gemeint! Aufgaben und Verantwortung abzugeben bedeutet nicht, dass Du nichts mehr zu tun hast. Im Gegenteil. Im Führungsverständnis der jungen Generationen schaffen die Leader heute den Rahmen, in dem die anderen in Ruhe den fachlichen Aufgaben nachgehen können (agile Führung) oder bringen das Unternehmen strategisch voran. Erfolgreiche Unternehmer und Führungskräfte arbeiten mehr am Unternehmen als *im* Unternehmen. Und das ist eine unverzichtbare Tätigkeit zum Wohle aller!

»Es ist doch peinlich, wenn die Mitarbeiter oder Kollegen die Aufgabe besser machen als ich bislang.«

Ehrlich? Wer sagt das? Spricht hier Dein Macht-Motiv, das sich durch Abgeben beschnitten fühlt? Oder ist es der große Bruder Deines inneren Antreibers »Sei perfekt!«, der »Sei der Beste!« heißt? Nein, ich glaube nicht, dass es peinlich ist, wenn andere etwas besser machen als Du. Denn was ist der große Vorteil, wenn Du Aufgaben abgibst, die der andere genauso gut oder sogar besser kann als Du? Zum einen ist es das Beste, was dem Team, dem Unternehmen passieren kann, denn so erhaltet Ihr das *bestmögliche Ergebnis*. Zum zweiten ist es eine echte Motivation für Deine Leute, wenn sie ihr Fachwissen einsetzen können, anstatt zuzusehen, wie ein fachlich nicht so versierter Mensch sich mit der Aufgabe abmüht. Und zum Dritten ist es auch perfekt für Dich, denn so weißt Du, Du kannst Dich entspannt zurücklehnen, weil Du zumindest von fachlicher Seite aus keine bösen Überraschungen zu fürchten hast. Du hast also

mit dem Delegieren einen echten Zeitgewinn und ein bestmögliches Ergebnis. Hurra!

Gib immer die Aufgaben an die Menschen ab, die es idealerweise sogar besser können als Du, und mach Dir klar, dass Du genau damit wahre Führungsstärke und innere Größe zeigst. Oder wie der ehemalige US-Präsident John F. Kennedy sagte: »Ein gescheiter Mann muss so gescheit sein, Leute anzustellen, die viel gescheiter sind als er.«

»Ich bitte generell andere Menschen nicht gerne um einen Gefallen.«

Wie geht es Dir, wenn andere Menschen *Dich* um einen Gefallen bitten? Wie fühlst Du Dich in diesem Fall? Fühlst Du Dich gebraucht und damit gut? Oder bist Du genervt, weil Du eigentlich keine Lust dazu hast? Geht es Dir gut, weil Du denkst, jetzt hast Du auch wieder etwas gut beim anderen, wenn Du es erledigst? Oder mal so, mal so?

Wenn ich diese Frage in meinen Seminaren mit den Teilnehmern diskutiere, dann stellt sich meist sehr schnell heraus, dass »mal so, mal so« tatsächlich die häufigste Antwort ist. Denn es hängt immer stark von der Aufgabe, von der fragenden Person, von der momentanen Situation ab, wie solche Bitten bei uns ankommen.

Lös Dich deshalb bitte, wenn Du diese Aussage als »trifft eher zu« markiert hattest, von einer generellen Abneigung gegen das Aufgaben-Abgeben und schau genauer hin. Gerade Menschen mit einem starken »Zugehörigkeits«-Motiv und die »Hanni Herzlichs« unter uns, die ja eher wie ein Magnet Aufgaben anziehen, als sie abzugeben, dürfen hier unterscheiden lernen. Denn bei »Tu Du!« geht es nicht um einen »Gefallen«, sondern es geht darum, in einem Team Aufgaben gerecht zu verteilen. Es geht um Erfüllung von Pflichten, die ich als Mitarbeiter oder auch als Familienmitglied habe.

Und wenn Du Führungskraft bist, dann ist es nicht »nett« von Deinen Mitarbeitern, wenn sie Dir zuarbeiten, sondern es ist Teil des Spiels. Du gibst Aufgaben ab, und im Gegenzug erhalten die anderen etwas dafür: ihr Gehalt, ein Honorar, ein Lob.

Manchmal bitten Menschen nicht gerne um Unterstützung, weil sie nicht in der Schuld des anderen stehen wollen. Das ist meist der Fall, wenn es um Aufgaben außerhalb des normalen Alltags geht, und dann kann es tatsächlich hilfreich sein, gleich Deinen »Preis« fürs Übernehmen zu zahlen. Sei es, dass Du ein Gegenangebot machst (»Mach Du dies jetzt für mich, übernehme ich später das für Dich«) oder darauf vertraust, dass der andere »Nein« sagt, wenn er nicht will. Und wenn er »Ja« sagt, dass er dies aus vollem Herzen tut, ohne Erwartung einer Gegenleistung.

Lernen von Vorbildern

Seit vielen Jahren interessiert es mich, was erfolgreiche Menschen erfolgreich macht, was glücklichen Menschen zu ihrem Lebensglück verhilft und was gelassene Menschen anders machen als gestresste Menschen.

Auffallend häufig sind es Menschen, die gut abgeben können. Die ein Händchen dafür haben, die richtigen Aufgaben an die richtigen Menschen zu geben, um mit allen gemeinsam wachsen zu können. Es sind die Menschen, die eine motivierende Art haben, das Beste aus anderen Menschen herauszuholen, die echte Leader sind, denen wir gerne folgen. Es sind Menschen, die sich selbst nicht so wichtig nehmen und die andere Menschen mit deren Leistungen brillieren lassen können. Und es sind Persönlichkeiten, die ihre Daseinsberechtigung nicht aus dem selbstgestemmten Pensum ziehen. Sie ziehen ihre Lebensfreude aus den Spuren, die aufgrund ihrer Initiative auf der Welt entstehen. Sehr häufig sind es eher stille Menschen, die tiefsinnig sind und einen klaren Blick auf die Dinge haben. Und es sind Menschen, die sich nicht im Tagesgeschäft aufreiben, sondern souverän mit den eigenen Ressourcen Zeit und Energie umgehen. Meiner Beobachtung nach sind erfolgreiche Menschen vor allem erfolgreiche LMAA-Umsetzer.

Schau Dich selbst einmal um. Bei welchen Menschen gefällt Dir deren Art zu führen, abzugeben, loszulassen? Nimm Dir dann aus all deren guten Eigenschaften die heraus, die Du ab sofort für Dein eigenes souveränes und erfolgreiches »Tu Du!« integrieren möchtest. Entwickle Deine ganz persönliche Art, Aufgaben abzugeben. Eine Art, die Du Dir von anderen Menschen auch wünschen würdest, die an Dich abgeben.

FAZIT

Beleuchte den Preis von »Ich mach's!« für Dich, die anderen, das Team, das Unternehmen, die Familie, und beleuchte auch Deinen Gewinn von »Ich mach's!«. Stell Deine inneren Überzeugungen auf den Prüfstand, überprüf Deine innere Haltung und arbeite an ihnen. Wäg ab und dann entscheide: Will ich diese Aufgabe momentan wirklich abgeben? Deine Antwort ist »Nein«? Dann lass es bleiben. Aus voller Überzeugung. Deine Antwort ist »Ja«? Dann tu es. Aus vollem Herzen – und hol Dir noch ein paar Ideen bei »Methoden und Prinzipien« (vgl. das entsprechende Kapitel).

Mehr Fakten, bitte!

»Ich lerne immer noch.«

MICHELANGELO, KÜNSTLER DER
ITALIENISCHEN HOCHRENAISSANCE (1475 – 1564)

Als ich vor Jahren die ersten Führungskräfte-Workshops als Trainerin gab, war ich erstaunt, wie wenig die teilnehmenden Vorgesetzten auf ihre Rolle vorbereitet waren. Sie avancierten vom Kollegen zum Teamleiter zum Abteilungsleiter oder hüpften gleich von ihrer Fachstelle auf einen Sitz im Vorstand ihres Unternehmens. Von jetzt auf gleich hatten sie Verantwortung für Mitarbeiter, sollten Aufgaben souverän delegieren. So wie wir über Nacht Eltern werden – worauf wir auch nicht wirklich vorbereitet werden –, so standen sie plötzlich der Herausforderung gegenüber, nicht nur sich selbst, sondern auch andere Menschen zu führen.

Daran hat sich nichts geändert. Nur 15 Prozent der angehenden Führungskräfte werden aktuell auf ihre neue Rolle vorbereitet,[12] während sich der Großteil der Berufstätigen abmüht, sich selbst die nötigen Skills anzueignen und dabei auch die Grundlagen eines erfolgreichen »Tu Du!« zu erlernen. Auch bei Themen wie »Zusammenarbeit im Team« oder gar »Delegieren im privaten Alltag« kämpfen sich die meisten völlig alleine durch.

Wie ist das bei Dir? Bist Du gut geschult und vorbereitet? Welche mit »F« markierten Statements im Auftakt-Check treffen bei Dir zu? Sieh noch einmal nach und lass uns diese »Tu Du!«-Torpedos mit Faktenwissen entschärfen.

Der Wert einer Lebensstunde

»Ich kann es mir finanziell nicht leisten, Aufgaben an andere abzugeben!« Diese Aussage ist eines der schnellsten K.-o.-Argumente, wenn Selbstständige oder Family-Manager darüber nachdenken, wie sie ihre Krüge von Sand-Aufgaben befreien können. In Unternehmen lautet der Satz dann leicht abgewandelt in der Regel: »Dafür haben wir kein Budget!«

Ende der Diskussion.

Auf den ersten Blick scheint diese Aussage eine unumstößliche Tatsache zu sein, die »Tu Du!« tatsächlich im Keim erstickt. Aber bitte lass Dich nicht von solchen Killerphrasen davon abbringen, Sand-Aufgaben zu delegieren. Denn unterm Strich ist es meist sehr viel teurer, wenn Du Dich um diese Aufgaben kümmerst, als der Preis des Unterstützers in Form seines Gehalts oder Honorars ist.

Denk mal bitte darüber nach, was Dir eine Stunde Deiner persönlichen Lebenszeit wert ist. Und rechne dann aus, welches »Kapital« ein Zeitdieb mitnimmt, eine Zeitfalle schluckt oder was es Dich in Euro und Cent kostet, wenn Du Dich um Dinge kümmerst, die gut und gerne jemand anderes machen könnte. Bedenk diesen »Stundensatz« auch, wenn Du aus Pflichtbewusstsein oder weil Du es schon immer so gemacht hast, Termine wahrnimmst, die Dir keinen Spaß machen. Wie viel »Lebens-Geld« kostet Dich ein langweiliges, zweistündiges Meeting oder ein zäher Vereinsabend? Welcher Betrag geht rechnerisch flöten, wenn Du Dich im Tagesgeschäft aufreibst, anstatt Dich um Deine wertvollen Steine zu kümmern?

Mach dazu gerne folgende Rechnung auf:

Als nicht selbstständig Beschäftigter:

Nimm bitte Dein Jahresgehalt (inklusive 13. und 14. Monatsgehalt sowie Urlaubsgeld) und multiplizier es mit dem Faktor 1,9. Wenn Du eine 38-Stunden-Woche hast, dann dividier den Betrag durch 1.600, und Du erhältst in etwa den Betrag, den Du Deinen Arbeitgeber pro Stunde kostest.

Beispiel: Du bekommst bei 38 Wochenstunden ein Jahresbruttogehalt inklusive Urlaubsgeld in Höhe von 70.000 Euro. Dann zahlt Dein Arbeitgeber für Dich an Gehalt sowie an Nebenkosten wie Sozialabgaben, aber auch Ausstattung Deines Arbeitsplatzes, Kosten für Teeküche, Reinigungspersonal, Verwaltungskollegen etc. 133.000 Euro im Jahr. Da Du nicht die vollen 38 Stunden jede Woche arbeitest, sondern auch an Feiertagen und in Deinem sechswöchigen Urlaub bezahlt wirst sowie an Tagen, an denen Du krank oder auf Weiterbildung bist, bist Du rund 1.600 Stunden im Jahr im Einsatz. Deine Arbeitsleistung hat also rechnerisch einen Wert von rund 83 Euro pro Stunde.

Als Selbstständiger:

Wenn Du Dir selbst ein Gehalt bezahlst, kannst Du die oben stehende Rechnung eins zu eins auf Dich übertragen. Wenn Du Honorare an Deine Kunden abrechnest, dann kannst Du auch Deinen – hoffentlich sauber durchkalkulierten – Honorarsatz als Grundlage nehmen. Immerhin ist es der Satz, der Dir entgeht, wenn Du, statt produktiv im Kundenauftrag unterwegs zu sein, Dich mit Sand-Aufgaben abgibst.

Du hast Dein Honorar nicht sauber kalkuliert? Dann hol dies bitte schnellstmöglich nach.[13] Denn Dein Honorar sollte nicht nur die Kosten für Dich und Deinen Arbeitsplatz abbilden, sondern auch berücksichtigen, dass Du Zeit für Akquise und Verwaltung brauchst, dass Du in Zeiten von Krankheit und Urlaub leer ausgehst und Du auch keine Rente bekommen wirst. Dein Honorarsatz muss in der Regel deutlich über dem kalkulatorischen Stundensatz eines Angestellten liegen, damit Du unterm Strich finanziell nicht schlechter dastehst!

Und? Geht die Rechnung auf? Wird Dir angesichts dieser Zahlen klar, wie teuer es Dich zu stehen kommt, wenn Du Dich um Aufgaben kümmerst, die auch ein anderer machen könnte? So manchen Coachingklienten haben Rechnungen wie diese überzeugt, dass es nicht nur ein Zeitfresser ist, sich um manche Themen selbst zu kümmern, sondern dass es schlichtweg auch eine Geldverbrennungsmaßnahme ist.

Schau Dir unter diesem Aspekt Deine täglichen Aufgaben erneut an. Und entscheide:

- Wo kannst Du Aufgaben an Menschen abgeben, die einen geringeren Stundensatz haben als Du?
- Wo macht es Sinn, Aufgaben an Spezialisten abzugeben? Deren Stundensatz ist zwar höher als Deiner, aber weil sie Spezialisten sind, werden sie mit weniger Zeitaufwand ein besseres Resultat liefern als Du, der Du Dich erst mühselig einarbeiten musst oder aufgrund mangelnder Erfahrungen per se länger braucht.
- Wessen Stundensatz ist zwar der gleiche wie Deiner – aber der andere hat ein Händchen für diese Aufgabe? Oder liebt sie aufgrund seiner Präferenzen?

Betrachte also nicht nur den absoluten Stundensatz, sondern die Geld-Zeit-Relation für ein bestimmtes Resultat. Ein Spezialist, der dreimal schneller ist als Du, darf auch dreimal mehr kosten. Oder sogar noch mehr, weil das Ergebnis mit Sicherheit auch noch besser sein wird als das, was Du fabrizieren würdest.

Dein Budget aufbessern

Trotz all der schönen Zahlen ist bei Euch immer noch ein Totschlagargument, dass aktuell kein Geld, kein Budget da ist? Dann betrachte »Tu Du!« mittelfristig und frag Dich: Was können wir tun, um diesen Betrag künftig in petto zu haben, damit wir andere Menschen mit dieser Aufgabe beauftragen können? Wo können wir Kosten einsparen, wo können wir mehr Geld einnehmen?

Sprecht die derzeitige Arbeitsverteilung offen im Team an, oft ist den anderen (und auch manchen Vorgesetzten) gar nicht klar, mit welchen Sand-Aufgaben sich ihre Leute abgeben. Und häufig haben mir Klienten berichtet, dass alleine die Vorlage der nackten Zahlen bei den Vorgesetzten dazu geführt habe, dass ganz plötzlich doch ein Töpfchen da war. Lasst Fakten sprechen!

Ansonsten denkt auch darüber nach, inwiefern Ihr Leistungen tauschen könnt. Ihr habt kein Geld für einen Webdesigner? Wer könnte von Euren Produkten, von Eurer Dienstleistung im Gegenzug profitieren? Kehrt zurück zur guten alten Tauschkultur und tut das, was Ihr gut könnt, was Euch Spaß macht und Euch leicht von der Hand geht. Das macht zwar den Krug nicht direkt leerer, aber statt Sand-Aufgaben legt dann jeder von

Euch wertvolle Steine in seinen eigenen Krug. Und wenn Ihr bei diesen immer mehr in Mode kommenden Tauschhandel-Geschäften (Barter-Deals, Kompensationsgeschäfte) ordentliche Rechnungen stellt, ist auch das Finanzamt happy.

Leistungen tauschen ist ebenfalls nicht möglich? Dann betrachte das Einstellen neuer Leute oder das Beauftragen von Dienstleistern nicht als »Kosten«, sondern als wertvolle Investition in mehr Umsatz oder Gewinn in der Zukunft oder zumindest als Investition in freie Zeit für Dich.

Das gilt auch fürs Private: Spar Dir in einem Bereich Deines Lebens Geld (beispielsweise durch bessere Verhandlungstaktiken oder Verzicht auf Konsum) und steck das Ersparte direkt in die Unterstützung Deiner Sand-Aufgaben. Eine Studie der Princeton Universität zeigte, dass Menschen, die beispielsweise Haushaltstätigkeiten gegen Bezahlung an andere Menschen abgaben, glücklicher waren als die Selbermacher – vorausgesetzt, sie nutzten die »gewonnene« Zeit für Hobbys und schöne Freizeitaktivitäten.[14]

Nutz die vielfältigen Möglichkeiten, mit denen wir heute andere Menschen für uns arbeiten lassen können. Nimm dabei auch Sorgen, die Du Dir möglicherweise machst, wie Du auch langfristig den damit entstehenden finanziellen Verpflichtungen nachkommen kannst, ernst und suche Beschäftigungsmodelle, die diesen Sorgen so gut wie möglich Rechnung tragen. Ermittle, welche (Teil-)Aufgaben oder komplette Verantwortlichkeiten Du an Dritte abgeben willst, und such Dir in der Fülle der möglichen Beschäftigungsmodelle abhängig vom Volumen der anfallenden Arbeit und der Intensität der Zusammenarbeit Unterstützung durch Vollzeitbeschäftigte, Teilzeitmitarbeiter, Mitarbeiter mit befristeten Verträgen, 450-Euro-Jobber, studentische Hilfskräfte, Praktikanten, Aushilfen auf Stundenbasis, virtuelle Assistenzen, Dienstleister mit monatlichem Stundenkontingent oder Dienstleister sporadisch auf Zuruf.

Überleg Dir, ob Du ein virtuelles Team aufbauen willst oder ob Ihr lieber lokal vor Ort gemeinsam arbeiten wollt, und beachte dabei auch die Grundregeln zum Thema »Scheinselbstständigkeit«. Wenn Du langfristige finanzielle Bindungen scheust, dann versuch so gut wie möglich befristete Verträge zu schließen oder Absprachen mit kurzen Kündigungsfristen zu treffen.

Was ist eine Stunde Deines Lebens wert? Nimm Deinen Lohn, Dein Gehalt oder Dein Honorar als Orientierungswert und runde Deine errechneten Beträge gerne noch nach oben. Was kommt derzeit in Deinem Leben zu kurz, und was wäre es Dir wert, diese Aktivität mal wieder mit Genuss zu erleben? Was ist Dir eine Stunde Deiner Lebenszeit wert?

Fachkarriere versus Führungskarriere

Häufig sagen Berufstätige, dass sie ihre fachliche Arbeit sehr mögen und dass sie gar keine Lust haben, diese an andere Menschen abzugeben oder gar wertvolle Zeit in Führungsaufgaben oder Briefings zu stecken. Du hast dieser Aussage im Selbstcheck zugestimmt? Im Kern ist das eine wunderbare Botschaft, denn es zeigt, dass Du offenbar genau den richtigen Beruf gewählt hast. Wer in seiner Tätigkeit aufgeht, der lebt stressfreier und glücklicher als andere, die sich jeden Tag an ihren Arbeitsplatz zwingen müssen. Und auch über ihren privaten Alltag berichten immer wieder Männer und Frauen, dass ihnen der Haushalt, Rasen mähen oder das Lernen mit den Kindern Spaß bereitet.

»Spaß haben« kann ein sehr wichtiges Kriterium sein, welche Aktivitäten für Dich Sand, Kiesel oder ein wertvoller Stein sind. Und wenn Du sie als wertvollen Stein empfindest, dann ist es unsinnig, diese Tätigkeiten von anderen Menschen machen zu lassen.

Ausnahme Nummer eins:

Du hast gerade dermaßen viele wertvolle Steine zu stemmen, dass schier die Masse nicht mehr händelbar ist. Dann kann es für den Moment Sinn machen, auch diese Steine von anderen Menschen tragen zu lassen. Zumindest für ein paar Wochen oder Monate, bis sich Dein Workload wieder entspannt hat. Mehr dazu im Kapitel »Klare Prioritäten – die unverzichtbare Grundlage«.

Ausnahme Nummer zwei

Du machst Karriere und entwickelst Dich von der Fachkraft zur Führungskraft. Bei solchen Karriereschritten kommen jetzt neue wertvolle Steine hinzu – nämlich Deine Mitarbeiter zu führen, weiterzuentwickeln, Feedbackgespräche zu führen, Konflikte zu klären, Anweisungen zu geben und vieles mehr. Und das bedeutet in der Regel, dass Du Deine bisherigen wertvollen Steine der fachlichen Arbeit aufgeben musst. Es bedeutet, dass Du Dich aus dem operativen Tun zurückziehst und mehr »managst« als »tust«.

Doch was, wenn Du überhaupt keine Lust auf managen und führen hast? Was, wenn Du Deine fachliche Arbeit so sehr liebst, dass es Dir fehlen würde, ihr nicht mehr nachzugehen? Oder wenn Du selbstständig bist und weißt, dass Dich andere Menschen gut entlasten könnten – aber Du überhaupt keine Lust hast, Zeit von Deiner Kernarbeit abzuknapsen und in Briefings und Führung zu stecken? Fein, wenn Du in diesem Fall eine Art Büroleiter, Geschäftsführer oder Manager hast, der Dir den kompletten »Verwaltungs- und Personalkram« abnimmt, sodass Du Dich auf Deine Kernkompetenzen konzentrieren kannst.

Oder wie es viele Künstler machen: Sie sind kreativ, während ihnen Manager oder die Ehepartner den Rücken freihalten. Obwohl ich fest davon überzeugt bin, dass auch kreative Köpfe sich – sobald sie ein Team haben – nicht komplett aus der Führungsrolle verabschieden sollten. Zumindest nicht, wenn sie nicht irgendwann die Sklaven im eigenen Betrieb sein wollen oder nur mehr die ausführenden Marionetten, die zwar im Rampenlicht stehen, dies jedoch so intensiv machen müssen, dass sie die Menschen im Hintergrund finanzieren können. Schnell mündet das »Tu Du!« dann in eine komplette Fremdbestimmung, weil sie zwar keine Führungsaufgaben haben, aber das unverzichtbare Zugpferd für finanziellen Erfolg sind.

Neue Möglichkeiten auf der Karriereleiter

In einer Studie der Online-Jobplattform StepStone räumten 16 Prozent aller Vorgesetzten ein, ihre neue Rolle als Chef nicht zu mögen, 27 Prozent aller Befragten würden den Schritt zur Führungskraft am liebsten rückgängig machen und weiterhin als Fachkraft tätig sein.[15] Wenn es Dir genauso geht – geh zurück. Pfeif auf den vermeintlichen Imageverlust! Denn hier geht es nicht darum, dass Du keine Führungsperson sein *könntest*, sondern dass Du es nicht *willst*! Mach Dir und den anderen klar, dass Dein Wert in Deiner hervorragenden fachlichen Kompetenz liegt und dass es sogar schade wäre, wenn Dein Fach-Know-how künftig nicht mehr so eingebracht werden kann, weil Du Dich aufs Führen konzentrieren musst. Meiner Meinung nach machen viel zu viele Unternehmen immer noch den Fehler, dass sie den »fachlich besten« Mitarbeiter befördern, anstatt sich nach den Kollegen umzuschauen, die Management- und Führungsqualitäten haben.

Innovative Unternehmen brauchen Experten, die Besten in ihrem jeweiligen Fach. Statt ihre genialsten Köpfe mit Führungsaufgaben zu blockieren, sollten noch mehr Unternehmen ihren Spezialisten die Freiheit zum Denken und Tüfteln geben und dazu, immer tiefer in ihre Materie einzudringen. Hochkarätige und qualifizierte Fachkräfte sind jeden Cent wert, doch wenn die besten Mitarbeiter stets auf eine höhere Hierarchiestufe befördert werden, fehlt es irgendwann an fachlichen Kompeten-

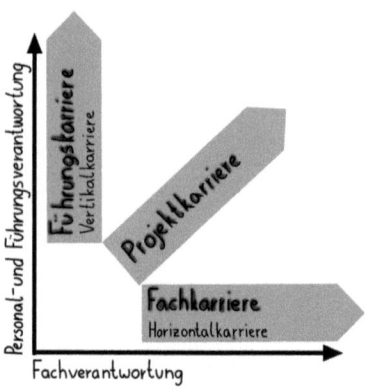

zen im Alltagsgeschäft. Und das in einer Zeit, in der wir eh über Fachkräftemangel klagen!

Du willst dennoch auf Beförderungen nicht verzichten? Kein Problem! Seit einigen Jahren haben sich in vielen Unternehmen neben der Führungslaufbahn die Fachkarriere sowie die Projektkarriere etabliert.

Statt hierarchisch vom Mitarbeiter zum Gruppenleiter zum Abteilungsleiter zum Hauptabteilungsleiter zum Bereichs- und dann Geschäftsleiter aufzusteigen, entwickeln sich bei einer Projektkarriere die Projektleiter vom Junior zum Senior weiter. In einer Fachkarriere wirst Du Fachreferent, Hauptreferent, Seniorreferent und Leadreferent. Und erhältst die gleichen Privilegien, die auf Managementpositionen üblich sind (Dienstwagen, eigenen Parkplatz, Boni etc.).

Fachexperten helfen ihren Arbeitgebern, mit Spezialwissen und kreativen Ideen dem Innovationsdruck und dem Wettbewerb standzuhalten und den Mitbewerbern einen Schritt voraus zu sein. Fach- und Projektkarrieren werden weiter an

Bedeutung gewinnen und Dir damit die Möglichkeit eröffnen, bei Deinen geliebten Fachaufgaben zu bleiben. Entscheide Dich bewusst für »Ich mach's!« statt »Tu Du!«. Zu Deinem Wohle und zum Wohle aller.

Die Sieben Stufen der Delegation

»**Die meisten meiner Aufgaben sind Einmal-Aufgaben, da lohnt es sich nicht, diese jemand anderem zu erklären und sie abzugeben!**« Diesen Satz höre ich immer wieder, wenn es ums Thema »Delegieren und Zusammenarbeiten« geht. In seiner Kurzform heißt es dann gerne: »Bis ich das lange erklärt habe, habe ich es zehnmal selbst gemacht!«

Im Kern ist das Kriterium »Häufigkeit der Aufgabe« ein schlagendes Argument, ob Du mal andere arbeiten lässt oder nicht. Denn warum solltest Du mehr Zeit in Erklärungen stecken, als Dir das unterm Strich bringt? Die Kehrseite ist jedoch, dass auf diese Weise die Masse an Sand in Deinen Krügen nie weniger wird und – und das ist für mich das Hauptargument – Du Deinen Kollegen, Mitarbeitern, Auszubildenden und Praktikanten oder eigenen Kindern eine wichtige Weiterentwicklungsmöglichkeit vorenthältst.

Es mag sein, dass diese Aufgabe so kein zweites Mal kommen wird – aber vielleicht in ähnlicher Form? Dann können die erworbenen Skills wieder eingesetzt werden. Die Bearbeitung der Aufgabe legt einen soliden Grundstein, dass der andere sich in weitere Einmal-Aufgaben schneller einarbeiten und damit wachsen kann. In diesem Fall sprechen wir nicht mehr von »Delegieren«, sondern sind mitten im Thema »Ausbildung« sowie

»Unterstützung der persönlichen Entwicklung«. Du lässt andere nicht mit dem Ziel arbeiten, Deinen Krug von Sand-Aufgaben zu entlasten, sondern weil Du damit andere Menschen wachsen lässt.

Wann es sinnvoll ist, Zeit in ausführliches Erklären zu stecken, und wie sich Dein Einsatz verändert, wird deutlich mit den Sieben Stufen der Delegation. Prinzipiell gilt: Je höher Du auf den Stufen steigst, desto mehr Know-how und Verantwortung liegt beim anderen. Ergo sinken Dein Briefing- und Kontrollaufwand.

Stufe eins: »Setze um!« (Anweisung)

Auf der ersten Stufe des Aufgaben-Abgebens liegen Fach-Knowhow und Methoden-Kompetenz bei Dir. Du hast die Aufgabe selbst durchdrungen, Eckdaten erarbeitet, bist fit im Handwerkszeug und kannst den anderen sehr gut schulen, was auf welche Art zu tun ist. Du sagst: »Das ist zu tun, bitte mach es exakt so, wie ich es Dir sage oder zeige!« Teams gegenüber versucht die Führungskraft unter Umständen noch, ihre Entscheidung gut zu »verkaufen« und alle von der Richtigkeit der Entscheidung zu überzeugen. Hoher Briefing- und Kontrollaufwand, die Verantwortung für eine fehlerfreie Leistung bleibt bei Dir.

Stufe zwei: »Erarbeite Optionen!«

Auf der zweiten Stufe gibst Du die Aufgabe oder das Ziel der Tätigkeit vor, lässt aber dem anderen Gestaltungsfreiraum, passende Wege zu suchen. Du sagst: »Das ist zu tun, bitte überleg Dir, wie wir das machen könnten, erarbeite Optionen und halt

Rücksprache. Ich sage Dir dann, welchen Weg Du wählst.« Dein Briefingaufwand wird weniger, jedoch bleibt der Kontrollaufwand hoch. Du nutzt die Zeit oder die Expertise des anderen oder des kompletten Teams, um Dir vor Deiner Entscheidung Rat bzw. Orientierung einzuholen. Die Verantwortung für eine fehlerfreie Leistung bleibt bei Dir.

Stufe drei: »Erarbeite Vorschläge!«

Zunehmend überträgst Du dem anderen oder dem Team die Verantwortung, die beste Lösung zu erarbeiten und umzusetzen. Du würdest jetzt nur eingreifen, wenn sich der andere völlig verrennt. »Das ist zu tun, erarbeit Alternativen und präsentier mir den Vorschlag, den Du umsetzen willst! Ich habe ein Vetorecht.« Entstehen dabei sehr kontroverse Vorschläge oder gehen die Meinungen über den besten Weg weit auseinander, so bemühen sich alle um einen Konsens. Nicht die Führungskraft entscheidet, sondern alle gemeinsam. Briefing- und Kontrollaufwand sinken, die Verantwortung des anderen steigt.

Stufe vier: »Entscheide mit Rückmeldung!«

Du überträgst dem anderen immer mehr Verantwortung, und damit er die Aufgabe gut erledigen kann, muss er jetzt natürlich auch über die dafür nötigen Fähigkeiten, Skills und Kompetenzen verfügen. Du sagst: »Das ist zu tun, erarbeite den besten Weg dorthin, setz um und informier mich anschließend, was Du getan hast!« Das Gewicht verschiebt sich, die Führungskraft wirkt eher »beratend«, der andere oder das Team entscheidet. Dein Briefing- und Kontrollaufwand sinkt enorm.

Stufe fünf: »Entscheide ohne Rückmeldung!«

Die Verantwortung des anderen und seine Autonomie steigen erheblich. Du gibst ab, lässt los und zeigst, dass Du dem anderen voll vertraust. Dies geht also erst, wenn Du Vertrauen in die Person UND in deren Leistung hast. Du sagst: »Das ist zu tun, entscheide, wie Du das erledigen willst!« Auch Teams entscheiden auf dieser Stufe allein. Du hast im Prinzip keinen Briefing- und Kontrollaufwand mehr, denn der andere weiß, was er tut.

Stufe sechs: »Sei initiativ!«

Du ziehst Dich aus dem Themenfeld des anderen zurück und lässt ihn nach eigenem Ermessen agieren. Auch jenseits von konkret besprochenen Aufgaben soll der andere das Thema initiativ vorantreiben. Dies bedingt ein völliges Vertrauen in den anderen und ein völliges Loslassen Deinerseits. Dies kennen wir in klassisch organisierten Unternehmen, wenn Abteilungen gegründet werden. Die »Heads of ...« haben innerhalb ihrer Kompetenzen und strategischen Unternehmensziele komplette Entscheidungsbefugnis. Du sagst: »Du weißt selbst am besten, was zu tun ist – tu es!«

Stufe sieben: »Sei autonom!«

Diese Art der Zusammenarbeit erleben wir heute in agilen Organisationen, in denen es keine Hierarchien mehr gibt, sondern in denen die Teams eigenverantwortlich agieren. Einmischung »von oben« ist nicht mehr Teil des Spiels. Agile Führungskräfte stecken nur mehr den inhaltlichen Rahmen ab, in dem sich die

Kollegen selbstorganisiert in Richtung des definierten Zieles bewegen. »Agile Führung« bedeutet, die Teams zu autonomem Arbeiten zu befähigen.

Wissen alle, welche Form von »Tu Du!« gemeint ist

Halt Dir bei allen Deinen »Lass Mal Andere Arbeiten«-Aktivitäten ab sofort diese Sieben Stufen vor Augen. Was willst Du wirklich? Wie viel Verantwortung, Kontrolle und Entscheidungsfreiheit willst Du Dir bewahren, wie viel soll auf den anderen übergehen? Sorg für Dich persönlich für Klarheit, auf welcher Stufe Du Dich bewegen willst, und sorg auch dafür, dass der andere das glasklar verstanden hat.

Es ist wichtig, dass Ihr alle, sowohl Du als Aufgaben-Abgebender als auch der Annehmende, genau wisst, um welche Art der Zusammenarbeit es sich handelt. Wenn Du nämlich davon ausgehst, dass Du eine Aufgabe komplett delegierst (inklusive der Verantwortung dafür), der andere aber denkt, er solle Dir lediglich zuarbeiten und habe nur eine geringe Verantwortung für das Gelingen, sind Ärger und Nacharbeiten vorprogrammiert.

Ebenso, wenn Du zwar Aufgaben abgibst, aber den anderen nicht mit den nötigen Kompetenzen ausstattest, wird wieder viel (Nach-)Arbeit an Dir hängen bleiben.

Mach Dir exakt klar, ob Du eine Arbeitsanweisung geben willst – mit entsprechend hohem Erklär- und Kontroll-Aufwand – oder ob Du delegieren möchtest. Wenn Du delegieren möchtest, dann musst Du dem anderen auch die Chance geben, in neue Themen hineinzuwachsen, dort die nötigen Fähigkeiten und Skills zu erwerben und letztendlich auch die Verantwortung für die Ergebnisse zu übernehmen.

»Tu Du!« in agilen Organisationen – ein Widerspruch?

Der Wertewandel der jüngeren Arbeitnehmergeneration hat mittlerweile auch die Wertewelten in den Unternehmen und damit die Art der Zusammenarbeit komplett auf den Kopf gestellt. Mit den Vertretern der »Generation Y«, der nach 1980 Geborenen, wurden plötzlich Mitbestimmung und sinnerfülltes Tun für viele Menschen wichtiger als Leistung, Beförderung und Statussymbole. Statt auf Überstunden und Firmenwagen legten die jungen Berufstätigen deutlich mehr Wert auf mehr Mitbestimmung, flache Hierarchien und mehr Flexibilität von Zeit und Ort der Arbeit – Forderungen, die heute in vielen Unternehmen umgesetzt scheinen, und zwar unter Schlagwörtern wie »New Work«, »Arbeiten 4.0« und »agile Organisationen«. Die Betonung liegt allerdings auf »scheinen«. Denn was so hübsch modern klingt, scheint derzeit eher noch Wunschdenken denn Realität zu sein.

Du hast im Auftakt-Check angekreuzt »Wir entwickeln uns in Richtung ›agile Organisation‹. Da ist das Aufgaben-Abgeben und Delegieren doch völlig veraltet.«? Dann schau bitte genau hin, was bei Euch im Unternehmen tatsächlich passiert. Denn nur weil auf Teamebene ein bisschen mit Scrum, Kanban oder Design Thinking hantiert wird, bleibt Führung oft weiterhin hierarchisch. Agilität findet einer Studie zufolge bislang kaum in deutschen Unternehmen statt. Nicht einmal zehn Prozent der untersuchten Firmen würden tatsächlich agil arbeiten, flache Hierarchien seien nach Angaben der Befragten gerade einmal in knapp einem Drittel der Unternehmen gegeben.

Nur jede vierte Fachkraft dürfe eigenständig Entscheidungen treffen.'[16] Damit wir von einer echten »agilen Organisation« sprechen können, hat das entsprechende Unternehmen eine Phase der Transformation hinter sich, in der zunächst als Basis ein agiles Mindset geschaffen wurde. Und darauf bauen dann Prinzipien und Strukturen auf. Zur Begriffsklärung zunächst ein paar Definitionen:

Das agile Mindset: »Agiles Mindset« bedeutet, dass Werte wie Selbstverantwortung, der intrinsische Anspruch zu Spitzenleistung, Lernbegierde, vielseitiges Interesse, hohe moralische Ansprüche, permanente Kundenzentrierung, spürbare Wertschätzung und Gemeinschaftsgeist grundlegend wichtig sind und gelebt werden. Jeder gibt unaufgefordert sein Bestes.

Agile Prinzipien: Auf diesem Mindset fußen die agilen Prinzipien wie Transparenz von Kommunikation und Informationen, Selbstorganisation, eine produktive Fehlerkultur (»Scheitern dürfen!«) und die explizite Förderung neuer Ideen.

Organisationsstrukturen: Nun gilt es, die entsprechenden Organisationsstrukturen zu schaffen, indem man so weit wie möglich auf Hierarchien verzichtet, also flache Hierarchien schafft und autonom agierende Teams ermöglicht. In einer agilen Organisation sind alle Prozesse und Strukturen darauf ausgerichtet, schnellstmöglich und effektiv in kurzen Intervallen auf neue Probleme reagieren zu können. In einer agilen Organisation erarbeiten beispielsweise die Teammitglieder eines Projekts im persönlichen Gespräch und in kurzen Zeitintervallen Lösungen, während in einer traditionellen

Organisation die Linien-Mitarbeiter erstmal auf die Gremien eines hierfür vorgesehenen Prozesses verweisen sowie auf einzuhaltende Schritte, auszufüllende Formulare und zu berücksichtigende Standards. Während agil tätige Teams ohne Umschweife mit der Arbeit beginnen, um ein neues Produkt zu kreieren, erstellen traditionelle Unternehmen unter anderem verbindliche, detaillierte Lastenheften, die Rechtsabteilung erstellt ein Vertragswerk und erst dann darf die Produktentwicklung ran.

Innerhalb echter agiler Teams herrscht Gleichheit – sei es in inhaltlichen Fragen oder auch bei der Urlaubsplanung und dem Gehalt. Die Teammitglieder erhalten keine Anweisungen, sondern legen gemeinsam Aufgaben und Wege der Zusammenarbeit fest. Alles wird gemeinsam besprochen und gemeinsam im Team entschieden. Aufgrund der so entstehenden »Schwarmintelligenz« gelten agile Teams besonders effektiv. Wer jetzt in einer »Führungsrolle« ist (z. B. als Product Owner[17]), schafft lediglich die Rahmenbedingungen, damit die fachlich hochqualifizierten Teamkollegen inhaltlich gut arbeiten können. Nach außen hin ist er für den Erfolg der Teamarbeit fachlich verantwortlich, hat aber keinerlei disziplinarische Funktionen.

Agile Methoden: Unabhängig von strukturellen Szenarien können Unternehmen, Abteilungen, Teams, Gruppen, ja sogar Einzelpersonen jederzeit sogenannte agile Methoden einsetzen. Sie können Projekte, Aufgaben oder neue Strategien mit Scrum, Design Thinking, der Customer Journey, Rapid Prototyping, Persona, Lean Startup oder Business Model Canvas aus der Taufe heben und umsetzen.

Agile Techniken: Und weil wir für eine erfolgreiche Arbeit bestimmte Instrumente oder Techniken nutzen müssen, haben sich für zahlreiche altbekannte und seit Jahrhunderten bewährte Tools neue Namen durchgesetzt. Als agile Techniken gelten entsprechend:
- Task Boards (Übersicht über aktuelle Aufgaben, beispielsweise mit einem Kanban-Board),
- Daily Stand-up-Meetings (effiziente Statusmeetings, tägliche Besprechungen im Stehen),
- Burn-down-Charts (Visualisierung des Arbeitsstands),
- Timeboxing (wirklich feste Zeitvorgaben) oder
- Definition of Done (klare Festlegung, wann eine Aufgabe als fertiggestellt gilt).

Agiles Arbeiten braucht Führung

Agilität im Unternehmen ist die richtige Mischung aus »doing agile« (Methoden) und »being agile« (Mindset). Nur weil in agilen Organisationen oder bei agilen Methoden wie Scrum die disziplinarischen Hierarchien weg sind, verschwinden nicht die Führungsaufgaben.

Im Gegenteil: Echte Agilität braucht Führung! Und zwar eine Führung, die nicht weisungsorientiert ist, sondern eher dienstleistungsorientiert. Der Fachbegriff nennt sich »Servant-Leader-Ansatz« (s. a. unter »Einstellung ändern durch Perspektivenwechsel« weiter oben) und bedeutet, dass die Führungskräfte loslassen lernen, dass sie dem Impuls widerstehen müssen, selbst einzugreifen, zu steuern oder gar zu kontrollieren.

»Agile Führung« bedeutet, es auszuhalten, wenn die Kollegen nicht so schnell sind, wie wir es uns wünschen, oder wenn sie ihren eigenen Weg gehen. Agile Führungskräfte stecken den inhaltlichen Rahmen ab, in dem sich die Kollegen autonom und selbstorganisiert in ihrem Tempo in Richtung des definierten Ziels bewegen.

Bereite Dich vom Mindset her auf die Herausforderungen der Arbeitswelt 4.0 vor und entwickle einen Delegationsstil, der den Anforderungen an agiles Tun gerecht wird. Unbestritten steigt in agilen Organisationen die Eigenverantwortung der Mitarbeiter sowie deren Flexibilität der Zieleerreichung. Zudem sind eine offene und eine transparente Kommunikationskultur entscheidende Aspekte agilen Arbeitens.

Und das bedeutet: Damit »Tu Du!« auch in agilen Organisationen klappt, ist nicht eine Abkehr von den bisherigen Erfolgsprinzipien der Zusammenarbeit nötig, sondern das Gegenteil!

Gerade wenn Kollegen und Mitarbeiter mehr Eigenverantwortung haben wollen und mehr Transparenz, dann müssen wir die Prinzipien für eine erfolgreiche Zusammenarbeit noch ernster nehmen und noch sorgfältiger anwenden. Die Zeiten von »Befehle top down« sind vorbei – aber das sind sie bereits seit Langem! In den meisten Unternehmen ist die Abkehr vom patriarchalischen »Cheftum« ja auch schon längst vollzogen, ja selbst der autoritäre Führungsstil ist oft ein Relikt aus alten Zeiten.

Heute gelten situativer und kooperativer Führungsstil als »State of the Art« – und da ist der Weg zur agilen Zusammenarbeit nicht mehr weit.

Führung und Zusammenarbeit in virtuellen Teams

Remote-Arbeiten[18], Work-Life-Blending[19], virtuelle Teams – nie war es einfacher als heute, gemeinsam zu arbeiten und doch für sich zu sein. Besonders für introvertierte Menschen, die den Rückzug lieben, für Globetrotter oder auch für berufstätige Eltern eröffnen die technischen Möglichkeiten völlig autarke Arbeitsmodelle. Du bist selbstständig und hast im Check angekreuzt, dass Du wirklich gerne andere Menschen mit Aufgaben betrauen würdest, aber nicht ständig Leute um Dich haben willst? Auch in diesem Fall sind virtuelle Teams für Dich die perfekte Lösung.

Allerdings stellt die virtuelle Zusammenarbeit sowohl die einzelnen Teammitglieder als auch die Abgebenden vor enorme Herausforderungen, wie viele Berufstätige in den vergangenen Monaten der »Corona-Krise« über Nacht erleben mussten.

Drei von vier virtuellen Teams scheitern, so das Ergebnis einer Studie der Rochus Mummert Consulting Group.[20] Hauptursache: Wenn Mannschaften überwiegend elektronisch vernetzt arbeiten, dann kommen der persönliche Austausch, die soziale Interaktion zu kurz. Wo nur per E-Mail, formale Datentransfers und knappe Telefonate interagiert wird, hört es auf zu »menscheln«, und das Vertrauen zueinander sinkt. Es fehlen der »Flurfunk« und der persönliche informelle Austausch in der Kaffeeküche, beim gemeinsamen Mittagessen oder vor und nach Meetings, sodass virtuelle Teams häufig förmlicher miteinander umgehen als Kollegen, die sich jeden Tag sehen.

Die Folge: Neben- und Untertöne in der Kommunikation spielen schnell eine größere Rolle als die eigentlichen Inhalte und die Kollegen sind mehr damit beschäftigt, Aussagen auf der Metaebene zu hinterfragen denn sich produktiv auf die gemeinsame Arbeit zu konzentrieren. Zum anderen entstehen Missverständnisse schneller – noch dazu, wenn die Teamkollegen eine andere Sprache sprechen und aus einem anderen Kulturraum kommen. Auch Teamspirit und Zusammenhalt, die für ein produktives Tun wichtig sind, bleiben in virtuellen Teams häufig auf der Strecke. Dies begünstigt die Eskalation von Konflikten und führt unweigerlich zu einem Leistungseinbruch und damit zur Verfehlung der Ziele.

Mit Sorge verfolge ich deshalb gerade die Aussagen von Unternehmen, die die Kostenersparnis und den Effizienzgewinn virtueller Treffen preisen. Waren viele Führungskräfte bislang strikt gegen Homeoffice, so erkennen sie jetzt, dass sie pro »Heim-Arbeiter« rund 1200 Euro im Monat an Mieten sparen könnten. Achtung Führungskräfte: Bitte opfert nicht die Qualität der Arbeit auf dem Effizienz-Altar!

Fünf Tipps zur Führung von virtuellen Teams

Hol aus Deinem virtuellen Team das Beste heraus mit folgenden fünf Tipps.

Face-to-face-Kick-off veranstalten

Ob virtuelle Teams gut, schlecht oder sogar überragend zusammenarbeiten, entscheidet der Projektstart. Studien zeigen, dass Arbeitsgruppen, die sich zum Auftakt der Zusammenarbeit »face to face« treffen und kennenlernen, ein nahezu ebenso stabiles Vertrauen entwickeln wie Teams, die Tisch an Tisch im Büro zusammenarbeiten.

Raum für Persönliches geben

Schaff Gelegenheiten, bei denen Deine Teammitglieder persönlich in Kontakt kommen. Entweder indem Ihr regelmäßig ein- oder mehrtägige Live-Treffen plant, bei denen auch Teambuilding-Aktivitäten auf dem Programm stehen. Oder indem Ihr zumindest ausführliche Videokonferenzen organisiert, in denen Raum für den Austausch von Persönlichem (Hobbys, derzeitige Erfolge oder Misserfolge, Familiäres, der nächste Urlaub etc.) ist. Ermögliche den Rahmen, um Vertrauen zueinander aufzubauen und die Menschen hinter den Gesichtern kennen und schätzen zu lernen.

Ermunter jeden, in den Online-Sessions einen Beitrag zu leisten und sich offen zu äußern. Denn in reinen Online-Teams lauert die Gefahr von »Online-Introvertiertheit«: Gerne verstecken sich die Ruhigen oder diejenigen, die mit einer zu vollen To-do-Liste kämpfen, in ihrem geschützten virtuellen Nest – und riskieren, als unengagiert, ideenlos oder träge wahrgenommen zu werden.

Erfahrungsgemäß finden die besten informellen Gespräche zwischen den Teammitgliedern statt, wenn der Teamleader noch nicht oder nicht mehr im »Raum« ist. Also hab den Mut, Dich auch mal auszuklinken.

Schafft Euch einen gemeinsamen »Raum«, in dem alle Teammitglieder quasi als Privatpersonen präsent sind. Das kann ein virtuelles Board sein, mit Fotos aller Kollegen, ihren Stärken, Expertisen, Vorlieben, Abneigungen, derzeitigen Hobbys etc. Lasst hier die Menschen hinter den Kompetenzen und Funktionen sichtbar werden!

Einige meiner Kunden etablierten ein wöchentliches Video-Treffen mit dem Titel »Cuddle-Meeting« (Knuddel-Meeting), in dem es ausschließlich um private Themen und persönlichen Austausch geht. Gerade in Krisenzeiten ist das ein absolut sinnvolles Zeit-Invest. Andere schufen in ihren Kooperations-Tools wie Teams oder Slack einen eigenen Kanal mit dem Titel »Kaffeeküche«, in dem sich die Kollegen informell austauschen können.

Interessant zu beobachten war, dass Teams, in denen der informelle Austausch gut gepflegt wurde, konfliktfrei den Shutdown meisterten, wohingegen in Teams, die sich ausschließlich zum fachlichen Austausch trafen, die Motivation rapide sank und sich die Krankschreibungen häuften. Der Grund: Wir Menschen sind soziale Wesen, die Anschluss und Gemeinschaft brauchen, um gesund zu bleiben.

»Wer macht was?«-Board aufhängen

Visualisiert, wer sich derzeit um welches Thema kümmert. Ideal für die Abstimmung der im Team anfallenden Aufgaben ist ein Kanban-Board (z. B. mit Trello oder JIRA), in das die offenen

To-dos, die Aufgaben in Progress sowie die erledigten Aufgaben zentral übersichtlich abgebildet werden. Ein zentrales Aufgabenboard zeigt zudem Verläufe, Abhängigkeiten und Fristen für alle Beteiligten und ermöglicht in der Regel auch, dass eingefügte Dokumente jederzeit für jeden abrufbar sind. Dies sichert einen optimalen Wissenstransfer und eine transparente Kommunikation.

Macht Euch klar, dass die Pflege dieser asynchronen Boards umso wichtiger ist, je weniger Flurfunk Ihr habt. Sie ersetzen das Tür-und-Angel-Gespräch und müssen deshalb immer up to date sein! Da ist jeder in der Pflicht, den Status ständig zu aktualisieren.

Strukturierte Kommunikation und Etikette pflegen

Je weniger informelle Treffen in persona möglich sind, desto wichtiger ist es, eine gute Struktur für den Online-Austausch zu schaffen, eine Online-Etikette festzulegen – und auch zu leben.

Vereinbart vorab, dass während der Online-Meetings alle anderen Kommunikationskanäle (Mail!) ausbleiben, weil es die Konzentration und Produktivität der Meetings unnötig senkt. Wenn ein Teilnehmer anfängt sich zu langweilen, dann stimmt etwas an der Meeting-Agenda nicht.

Stellt eine regelmäßige synchrone Kommunikation sicher, damit gedanklich jeder mit an Bord ist und einen aktuellen Überblick über den Stand der Projekte behält.

Vereinbart zusätzlich klare Standards, wie und wann Ihr asynchrone Kommunikation nutzen wollt. Welchen Kanal wollt Ihr nutzen für eine dringende Kommunikation? WhatsApp? Slack? Teams? E-Mail? Wie lange haben die Kollegen Zeit, um auf Anfragen aus dem Team zu antworten (Response Time)?

Sichert Euch ein hohes Commitment, dass vereinbarte Arbeitspakete pünktlich und zuverlässig geliefert werden, das erhöht das Vertrauen zueinander.

Stellt sicher, dass jedes Teammitglied die technischen Tools wirklich gut beherrscht. Geht nicht stillschweigend davon aus, dass jeder fit in Trello, Zoom & Co. ist und die Finessen kennt.

Video-Meetings: Überleg Dir mit Deinem Team, welche (Video-)-Meetings in welchem Abstand wichtig sind und wer jeweils teilnehmen sollte. Zu welchen Themen meetet das komplette Team? Wer nimmt an welchen weiteren Meetings teil? Regel: So viele Meetings wie nötig, so wenige wie möglich. Beachtet die »Pizza-Regel«: Demnach treffen sich bei Meetings von Amazon nach einer Idee des Gründers Jeff Bezos maximal so viele Menschen, wie von zwei Pizzen satt werden können. Das hält die Treffen schlank und effektiv.

Weekly Calls: Legt eine Struktur für Eure Online-Meetings fest. Bewährt haben sich analog zu den Daily Stand-ups lokaler Teams sogenannte Weekly Calls, die beispielsweise bei einem Team von fünf Personen ebenfalls nur 15 Minuten dauern. Jeder erhält drei Minuten Zeit, um ein kurzes Update zu geben: »Was habe ich in der vergangenen Woche getan? Was steht für die kommende Woche an? Was ist gut gelaufen, was freut mich gerade? Wo habe ich gerade eine Blockade? Wo bräuchte ich Unterstützung?« Während der drei Minuten hören die anderen nur zu. Erst wenn alle ihr Update gegeben haben, wird über einzelne Punkte diskutiert, werden Hilfen bei Blockaden überlegt und wird unter Umständen ein weiteres Meeting mit weniger Beteiligten für genau dieses Thema vereinbart.

Zusätzlich findet einmal im Monat ein weiteres Update-Meeting statt, das nach der gleichen Fragenstruktur abläuft, diesmal aber die Prioritäten des letzten Monats und des kommenden Monats beleuchtet.

Video Calls: Quartalsweise können Video Calls stattfinden, in denen auch persönliche Themen und Meta-Themen der Zusammenarbeit thematisiert werden.

Gesteh Dir selbst zu, dass Du gerne auch mal alleine arbeitest und Rückzug brauchst. Selbst erfolgreiche Manager wie Adidas-Chef Kasper Rorsted stehen zu ihren introvertierten Phasen. So erzählte der Däne im Interview, dass er Freiraum brauche, beispielsweise beim Reisen. Er hasse Small Talk beim Frühstück und habe eingeführt, dass er und seine Kollegen im Flugzeug nie zusammensitzen. »Es will ja auch keiner 12 Stunden neben dem Chef sitzen.«[21]

Das Zeitmanagement klären

Besprecht und klärt unbedingt, wie Euer gemeinsames Zeitmanagement aussehen soll.

- Gibt es Zeiten, zu denen alle erreichbar sein müssen?
- Wollen wir »Kommunikations-Zeiten« festlegen?
- Zu welchen Zeiten dürfen sich Teammitglieder zurückziehen, um störungsfrei arbeiten zu können? (Fokus-Zeiten, Deep Work)
- Können manche Tage Meeting-frei bleiben?

Schafft einen guten zeitlichen Rahmen, der den Kollegen im Homeoffice oder an anderen Standorten eine gewisse planbare Tagesstruktur ermöglicht. Das nimmt viel Stress und Abstimmungsaufwand aus dem täglichen Tun. Mehr Ideen dazu findest Du im neuen eBook »Produktiv und erfolgreich im Homeoffice« oder auch im Online-Workshop »Erfolgreich virtuell zusammenarbeiten«.

FAZIT

Manchmal liegt es schlicht und ergreifend an fehlendem Faktenwissen, wenn wir glauben, Aufgaben nicht abgeben zu können. Hol Dir immer wieder die nötigen Zahlen, Daten und Fakten, die Du für eine gute Entscheidung brauchst.

Klare Prioritäten – die unverzichtbare Grundlage

*»Prioritäten setzen heißt auswählen,
was liegen bleiben soll.«*

HELMUT NAHR, DEUTSCHER MATHEMATIKER

Aufgaben einfach mal liegen lassen oder an andere Menschen abgeben – das klappt nur, wenn wir uns über die Prioritäten in unserem Leben, in unserem privaten Alltag und in unserem beruflichen Alltag klar werden. Solange Deine Visionen, Wünsche, Träume und Ziele im Nebel verborgen sind, so lange wirst Du erfolglos versuchen, das anstehende Pensum in Deine Tage zu packen. Oder um im Bild der Krüge, der wertvollen Steine, der Kiesel und des Sandes zu bleiben: Wenn wir nicht wissen, was uns wirklich wichtig ist, werden die Behältnisse mit Steinen und Sand immer deutlich größer sein als der Platz in unseren Krügen, und unsere Krüge werden sich schneller mit Sand füllen, als uns lieb ist.

Du hast im Auftakt-Check mindestens ein Kreuz gesetzt bei P-Aussagen? Deine Tage und Wochen sind ziemlich voll mit Aufgaben und Verpflichtungen? Wenn Du ein paar Tage weg warst, dann häufen sich die liegen gebliebenen Aufgaben bei Dir? Dir fehlt die Zeit, mal in Ruhe nachzudenken oder mit Muße wichtige Themen zu durchdringen? Erholung, Pause, mal nichts tun – das findet in Deinem Alltag derzeit nicht statt?

Bevor Du irgendetwas in Deinem Alltag änderst – bitte setz Dich hin und werd Dir über Deine derzeitigen Prioritäten klar. Nimm Dir einen halben Tag oder gerne auch mehr Zeit, und definier, was Dir momentan wirklich wichtig ist.

Sand oder wertvoller Stein? Subjektive Sichtweise!

Beginn bei Dir und Deinen persönlichen Wichtigkeiten. Auf Dich als Person bezogen hängen Deine persönlichen Wichtigkeiten ab von:

- Deinen Lebensmotiven (Deinem Antrieb)
- Deinen Werten
- Deinen Präferenzen (Denkstil – Kreativer Chaot oder Systematiker)
- Deinen Interessen
- Deinen Erfahrungen
- Deinen förderlichen Überzeugungen
- Deinen limitierenden Glaubenssätzen
- Deinen persönlichen Zielen, Visionen und Träumen in puncto Familie, Freunde, Karriere, Finanzen, Gesundheit, Hobbys, Wohnen, Freizeit, Spaß etc.
- Deiner Tagesform

Je nachdem, ob Deine Lebensmotive »Status« oder »Selbstlosigkeit« sind, »Vorsicht« oder »Wagnis«, »Abwechslung« oder »Routine«, werden völlig andere Steine für Dich wertvoll sein. Ähnlich bei Deinen Werten: Wer »Familie« als hohen Wert definiert, wird seinen Feierabend und sein Wochenende anders gestalten als ein Kollege, der »Ruhm« als wertvoll und erstrebenswert betrachtet. Du siehst also, es lohnt sich, sich selbst ein bisschen besser zu kennen, sich mit den eigenen Motiven, Werten, Präferenzen etc. auseinanderzusetzen, wenn Du die für Dich richtigen Aufgaben abgeben willst. Kleine Übungen dazu findest Du im Workbook zum Buch unter www.Gluexx-Factory. de/abgeben.

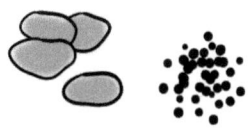

Sand oder wertvoller Stein? Eine Frage des Jobs!

Im Job haben wir es da vermeintlich leichter. Denn an Deinem Arbeitsplatz hängt es in erster Linie von folgenden Einflussfaktoren ab, um was Du Dich höchstpersönlich kümmern solltest:
- Unternehmensziele
- Abteilungsziele
- Teamziele
- Deine Stellenbeschreibung
- Deine ausformulierten Jahresziele
- Projektziele
- Drei-Monats-Ziele in Form von OKRs
- Aufgabenziele
- Dein Verantwortungsbereich

Nur wenn Du diese Ziele und Deinen Verantwortungsbereich kennst, kannst Du Prioritäten auf einzelne Aktivitäten im Laufe eines Tages oder einer Arbeitswoche herunterbrechen. Und erst dann kannst Du entscheiden, ob Du diese Aufgaben tatsächlich selbst machen musst oder andere Menschen arbeiten lassen kannst.

So weit die Theorie! Denn in der Praxis erleben wir häufig, dass es entweder gar keine Stellenbeschreibungen gibt oder dass diese komplett veraltet sind. Zudem sind die Prioritäten des Unternehmens oder des Teams häufig nicht (mehr) bekannt oder werden ständig über den Haufen geworfen. Vielen Berufstätigen ist nicht klar, wer letztendlich für was verantwortlich ist. Und wenn dann auch noch die Personaldecke dünn ist, dann kümmern sich die Engagierten unter Euch um alles, was gemacht werden muss – völlig egal, ob es ihr Aufgabenbereich ist oder nicht. Sie sehen das große Ganze und überlasten lieber sich selbst, als Deadlines des Teams zu überziehen oder gar nicht zu liefern.

Sand für den einen – wertvoller Stein für den anderen

Und dann passiert es, dass wir uns den lieben Tag mit Sand-Aufgaben beschäftigen und hochbezahlte Zeitungsjournalisten selbst ihre Interview-MP3-Mitschnitte abtippen oder ein Vorstandsvorsitzender den Jahresbericht seines Unternehmens auf Tippfehler korrigiert.

Du sagst jetzt vielleicht: »Aber es ist doch total wichtig, dass ein Interview in Textform für einen Zeitungsartikel zur Verfügung steht oder dass ein Jahresbericht fehlerfrei ist – und deshalb sind es jeweils wertvolle Stein-Aufgaben!«

Ja, Du hast völlig recht! Für das Gesamtprodukt »Zeitung« ist es wichtig, dass Interviews abgetippt werden, und für ein Unternehmen ist es ein wertvoller Stein, dass der Außenauftritt fehlerfrei ist. Aber ein Vorstandsvorsitzender sollte seine wertvolle Zeit lieber nutzen, um das Unternehmen zu führen, es strategisch gut aufzustellen und in eine gute Zukunft zu führen – und nicht damit, Rechtschreibfehler zu finden. Bezogen auf seine Position ist Korrekturlesen eine Sand-Aufgabe, die er gut abgeben könnte.

Und das Schöne daran: Für einen anderen Menschen ist genau diese Tätigkeit ein wertvoller Stein! Beispielsweise für einen Korrektor, der Korrekturlesen zu seinem Hauptgeschäft gemacht hat und der damit seinen Lebensunterhalt verdient. Ob eine Aufgabe also »Sand« oder »wertvoller Stein« ist, hängt überhaupt nicht mit der Aufgabe an sich zusammen, sondern mit unserer Position, unserem definierten Tätigkeitsbereich und auch unserem subjektiven Blick darauf.

»Sand« ist auch nie abwertend gemeint, im Sinne von Doofi-Aufgabe. Nein, was für uns eine Sand-Aufgabe ist, kann durchaus eine sehr komplexe, anspruchsvolle Tätigkeit sein. Es kann eine Aufgabe sein, für die wir beispielsweise sehr viel besser einen gut ausgebildeten Spezialisten beauftragen, als uns selbst abzumühen. Oder es kann eine Tätigkeit sein, die jemand mit viel Erfahrung sehr viel besser und schneller erledigen kann als wir.

Persönliche Prios toppen die Rahmen-Prios

Und dennoch kümmern sich viel zu viele Menschen viel zu häufig um Themen, die von den Rahmenbedingungen her für sie »Sand« sind.

Die Gründe dafür liegen auf der Hand. Denn sobald Deine *persönlichen Prioritäten* das Ruder übernehmen, wirst Du Aufgaben erledigen – selbst wenn sie von unternehmerischer Seite oder in Deinem privaten Alltag keine Prio hätten. Es kann also sein, dass eine Tätigkeit ganz klar von den oben geschilderten beruflichen Rahmenbedingungen absolut nicht Dein Aufgabenbereich ist (Vorstandsvorsitzender – Korrekturlesen), aber Deine *persönlichen* Wichtigkeiten Dich in diese Aufgaben reinziehen.

Der oben zitierte Vorstandsvorsitzende erklärte nämlich in der Seminarrunde, er habe Germanistik studiert und wollte eigentlich Lektor werden. Sprache sei einfach sein Steckenpferd, und die jährliche Korrekturphase ermögliche ihm, seinen nie realisierten Berufswunsch doch noch ein wenig auszuleben. Aus seiner subjektiven Beurteilung heraus war die Korrekturzeit also ein wertvoller Stein. Und damit nicht delegierbar.

Seine Sichtweise ist nachvollziehbar, oder? Es ist schön, wenn wir uns die Zeit nehmen für Aktivitäten, die uns persönlich wichtig sind. Und wenn Du in Deinem Krug ausreichend Platz hast, solchen Steinen einen Platz zu geben, dann mach das auch weiterhin so. Hast Du ausreichend Zeit, Dich um – für Deine Position – eigentlich völlig unwichtige Aufgaben zu kümmern, dann mach weiter wie bislang. Und genieß es, diese Freiheiten zu leben.

Führt es allerdings dazu, dass regelmäßig die echten wertvollen Steine liegen bleiben oder Du nur mit viel Nachtschichten und Druck Dein Pensum stemmst, überdenk bitte Dein Lust-Prinzip. Gerade wenn Du ein Kreativer Chaot bist, ein Ideensprudler und Querdenker, dann scheinen einfach alle Aufgaben so wichtig (so spannend), dass Du Dich höchstpersönlich darum kümmern willst. Mit dem Ergebnis, dass jeden Tag Dutzende wertvolle Steine neben Deinem Krug liegen bleiben müssen, obwohl du bereits Deinen Krug auch schon komplett mit wertvollen Steinen gefüllt hast.

»Tu Du!« für immer oder zeitlich begrenzt?

Entscheide, um Raum für Wichtiges zu schaffen, welche Sand-, Kiesel- oder auch mal wertvolle Stein-Aufgaben Du dauerhaft an andere Menschen abgeben willst und welche wertvollen Steine Du lediglich temporär abgeben willst, damit diese nicht liegen bleiben. Halt Dir stets vor Augen, dass sich Deine Prioritäten verändern, je nach Alter, Lebenssituation oder auch Tagesform, und dass »Tu Du!« kein starres Regelwerk, sondern ständig aktiv in Bewegung ist.

Sag dauerhaft »Tu Du!« zu
- Aufgaben, für die Du früher mal zuständig warst – aber heute nicht mehr,
- Routineaufgaben, die auch jemand anderes erledigen kann,
- Aufgaben, die bereits an andere Menschen übertragen sind, bei denen Du jedoch immer wieder in die Bresche

springst, weil die anderen noch nicht gut genug ausgebildet sind oder zu wenig Zeit haben. Du musst nicht (mehr) der Notnagel sein!

Sorg dafür, dass die Menschen in Deinem Umfeld gut ausgebildet sind und sich auch stetig weiterbilden. Vernetz Dich gut mit anderen Menschen, die in ähnlichen Jobs oder Situationen sind wie Du, denn übers Netzwerk bekommen wir meist die besten und tatkräftigsten Unterstützer, auf die wir uns dann auch wirklich verlassen können.

Leg fest, wie groß Dein Zeitbudget für Arbeiten sein soll – und lös Dich von Glaubenssätzen oder auch Gruppenzwang, wenn es als »chic« oder »unveränderlich« gilt, dass Ihr regelmäßig eine 50- oder 60-Stunden-Woche habt! Entscheide, wann Du welche Aufgaben abgeben willst – die folgenden *Fünf Goldenen Prinzipien für erfolgreiches »Tu Du!«* im nächsten Kapitel helfen Dir dabei.

FAZIT

Nur wenn Du Dir immer wieder Deine persönlichen und auch beruflichen Prioritäten klarmachst, hast Du eine solide Basis, um Aufgaben abgeben zu wollen und zu können. Wer seine Prioritäten nicht kennt, dessen Krüge füllen sich schneller mit unwichtigem Zeugs, als es ihm lieb ist. Gönn Dir also ein regelmäßiges Reflektieren und schaff Dir die Voraussetzung für erfolgreiches »Tu Du!«.

Die Fünf Goldenen Prinzipien für erfolgreiches »Tu Du!«

Ob Aufgaben-Abgeben wirklich gut klappt und für alle Beteiligten zufriedenstellend ist, hängt sehr stark auch von den richtigen Prinzipien und den richtigen Techniken ab. So häufig sind es kleine Fehler oder Versäumnisse im Akt des Abgebens, die den Erfolg torpedieren. Mit dem Ergebnis, dass Du zwar Aufgaben abgibst, aber der andere zu spät, fehlerhaft oder gar nicht liefert.

Lass uns in diesem Kapitel über die grundsätzlichen Prinzipien sowie über konkrete Methoden und Techniken sprechen, damit »Tu Du!« funktioniert. Und lass uns auch ein paar Sonderfälle prüfen, die Dir vielleicht momentan noch das Leben schwer machen und die Du im Auftakt-Check angekreuzt hast.

Du gibst bereits Aufgaben ab, aber meist ist das Ergebnis nicht so, wie Du es Dir wünschst? Du gibst bereits Aufgaben ab, aber meist liefern die anderen dann zu spät ab oder sogar gar nicht? Du willst anderen keine Aufgaben zumuten, die Du selbst nicht gerne machst? Du findest es mühsam, delegierte Themen im Blick zu behalten und gegebenenfalls nachkorrigieren zu lassen?

Das wird sich ab sofort ändern!

Prinzip #1: Die »richtige« Aufgabe auswählen

> »Mancher wird erst mutig, wenn er
> keinen anderen Ausweg mehr sieht.«
> WILLIAM FAULKNER, US-AMERIKANISCHER SCHRIFTSTELLER
> (1897 – 1962)

Wann ist eine Aufgabe die »richtige«, um sie abzugeben? Was solltest Du höchstpersönlich erledigen und was kannst Du getrost an andere Menschen delegieren? Wie viel Verantwortung und Autonomie kannst Du Deinen Mitarbeitern oder Deinen Familienmitgliedern geben? Sei hier ruhig mal mutig und entscheide Dich, Aufgaben abzugeben, die Du bislang nie abgegeben hast.

Warte dabei nicht, bis Du zu einer Entscheidung gezwungen wirst, so wie die Managerin Insa Klasing, die sich bei einem Reitunfall beide Arme brach. Als die Deutschland-Chefin von Kentucky Fried Chicken nach sechs Wochen Reha ins Büro zurückkam, steckte der linke Arm in einer Schlinge, die rechte Hand war noch gegipst. Ihre Energie reichte für genau zwei Stunden Arbeiten am Tag und dies zwang sie, wortwörtlich loszulassen. Mit super Ergebnis![22]

Reflektier regelmäßig, welche Aufgaben geeignet sind, um sie abzugeben. Eine grundsätzlich gute Entscheidungshilfe sind Deine Prioritäten (vgl. das »Prioritäten-Kapitel«) und die Einteilung der Aufgaben in »wertvolle Steine«, »Kiesel« und »Sand« (vgl. Einleitung).

Prinzipiell gut geeignet, um »Tu Du!« zu sagen, sind
- Kiesel- und Sand-Aufgaben (wichtig, dass sie erledigt werden, aber nicht wichtig, dass Du Dich höchstpersönlich darum kümmerst),
- wiederkehrende Tätigkeiten ohne Ausnahmefälle (zu bearbeiten nach »Schema F«),
- wiederkehrende Tätigkeiten mit Ausnahmefällen, für die klare Vorgaben gemacht werden und Kompetenzen übertragen werden (z. B. falls ein Kunde storniert, dürfen Stornos bis 200 Euro direkt bearbeitet werden, bei höheren Beträgen ist Rücksprache zu halten),
- variierende Aufgaben, die per se zwar neu sind, die der andere aber mit gesundem Menschenverstand und/oder mit ein wenig fachlicher Eigeneinarbeitung ohne viel Abstimmungsbedarf erledigen kann (z. B. Erstellen einer Inventurliste des Büromaterialschranks in Excel),
- Klärungen von Detailfragen (Recherche als Zuarbeit),
- Aufgaben, deren Einzelschritte in einem Ablaufplan oder einer Checkliste erfasst sind und leicht nachgemacht werden können (z. B. Packen von Musterkisten zum Versand an Interessenten),
- Tätigkeiten, die Du sehr klar analog den Sieben Stufen der Delegation (im »Fakten-Kapitel«) abgeben kannst, unter Berücksichtigung von möglicher Verantwortung, von Kompetenz, Fähigkeiten und Wissen des anderen,
- Expertentätigkeiten, bei denen ein hohes Fachwissen nötig ist,
- Aufgaben, die Du zu einem eigenständigen Arbeitsfeld entwickeln und komplett delegieren willst.

Alle Aufgaben, die für Dich wertvolle Steine sind und auch bleiben sollen, solltest Du nur im absoluten Notfall an andere Menschen abgeben und, sobald Du wieder mehr Luft in Deinem Kalender hast, wieder zurückholen. Bitte mach dem Aufgaben-Übernehmer dann auch von vornherein klar, dass es sich um eine zeitlich befristete Übergabe im Sinne einer Vertreterregelung handelt! Dies beugt Frust und Demotivation vor, wenn Du Dir die Aufgaben später wieder selbst vornimmst.

Nicht delegierbar?

Nicht abgeben solltest Du alles, was Deiner Kernkompetenz und Deiner erklärten Zuständigkeit entspricht, was vertraglich vereinbart wurde oder wo Sicherheitsvorgaben und Vertraulichkeit dem entgegenstehen.

Häufig sind sehr komplexe Aufgaben nicht delegierbar. Bevor Du jetzt in die »Das muss ich selbst machen«-Falle tappst, zerleg die große Aufgabe in so viele sinnvolle Einzelschritte wie möglich und delegier zumindest Teilaufgaben. Setz Dir ein Ziel, wie viel Deines Pensums Du in jedem Fall immer abgeben willst, und rück damit »Tu Du!« in Deinen täglichen Fokus.

Auch im privaten Alltag kannst Du viele Aufgaben an Dritte geben oder innerhalb der Familie verteilen – die spannende Frage ist, wo Deine Prioritäten liegen und wie Du Deine Rolle innerhalb der Familie definierst. Es gibt Eltern, die im Job zurückstecken, um viel Zeit mit den Kindern verbringen zu können, andere Eltern präferieren eine Ganztages-Kinderbetreuung oder später ein Internat, um beruflich voll eingespannt zu bleiben. Nicht delegierbar ist meiner Überzeugung nach das vorbehaltlose emotionale »Da-Sein« für die Kinder, auch im Sinne von Vermitteln von Zugehörigkeit, Nestwärme und Geborgenheit und vorbehaltloser Unterstützung beim Wachsen und Reifen – auf welchen Wegen das geschieht, wird aber in jeder Familie anders sein. So gibt es Mütter oder Väter, die jeden Tag stundenlang mit ihren Kindern lernen und selbst Referate ausarbeiten, »damit das Kind wirklich eine gute Note bekommt«, während andere sporadisch gerne zur Seite stehen und ansonsten die Arbeit und die Verantwortung bei den Kindern lassen. Richtig? Falsch? Weder noch – es ist eine Frage der eigenen Sichtweise und der sehr persönlichen Entscheidungen. Um festlegen zu können, was delegierbar ist und was nicht, sind also Rollenverständnis und persönliche Einstellung auschlaggebend.

Je nachdem, wie Du zu »Lass Mal Andere Arbeiten« stehst, wirst Du entweder (fast) alle Aufgaben als delegierbar betrachten oder (fast) alle Aufgaben als »muss ich selbst machen«. In beiden Fällen färbt Deine Einstellung ungünstig auf eine sachliche Entscheidung ab – im Kapitel »Innere Haltung« hast Du deshalb an Deinen Einstellungen und Überzeugungen gearbeitet.

Betrachte die Sinnhaftigkeit von Abgeben auch unter dem Aspekt Deiner persönlichen Ziele und Träume. Manchmal erscheint es unsinnig, sich um etwas selbst zu kümmern, weil es wirklich genügend Menschen gibt, die das tun könnten. Betrifft dies aber Dinge, die Du lernen willst, dann stecken wir mitten im Thema »persönliche Weiterentwicklung« und Dein „Ich mach's!" eröffnet Dir neue Perspektiven.

Ziel von »Lass Mal Andere Arbeiten« ist es mit Sicherheit nicht, dass Du ab sofort *jede* Aufgabe als »richtige« Aufgabe zum Abgeben stempelst. Über kurz oder lang erkennen Mitarbeiter und Familienmitglieder diese »Alles-Delegierer«, reagieren trotzig und entsagen ihre Unterstützung und Loyalität.

Mix aus Murr-Jobs und interessanten Aufgaben

Streb, wenn Du Aufgaben abgibst, zudem immer einen gesunden Mix aus einfachen sowie anspruchsvollen Tätigkeiten an. Menschen, die beruflich oder privat immer nur simple, unangenehme, arbeitsintensive, undankbare, lästige oder gar konfliktträchtige Arbeiten abgeben und sich selbst die Rosinen rauspicken, schüren Missmut und Demotivation.

Im privaten Alltag kennen wir das, wenn Family-Manager lediglich Depperl-Jobs wie Müll raustragen oder Spülmaschine ausräumen von den anderen machen lassen – da boykottieren sehr schnell auch die Kleinsten. Natürlich fallen diese Aufgaben an und stellen für Dich Sand-Aufgaben dar – für die anderen sind das aber auch Sand-Aufgaben! Und dann ist es nur fair, wenn jeder mal diese Murr-Jobs machen muss. Im beruflichen Kontext kennst Du ein solches Vorgehen vielleicht von Kollegen oder Vorgesetzten, die mit Vorliebe uninteressante oder simple Tätigkeiten auf andere abwälzen – nur um mit ihren »anspruchsvollen« Projekten umso mehr glänzen zu können.

Schieß aber bitte auch nicht in die andere Richtung übers Ziel hinaus und gib Deinen Mitmenschen nicht ständig nur Aufgaben, mit denen sie überfordert sind. Manchmal begegnen uns Vorgesetzte, die mit Vorliebe die richtig schwierigen Aufgaben abgeben, an denen die anderen fraglos scheitern. Auf diese Weise provozieren sie Misserfolge, die beweisen, dass »ohne sie in diesem Laden eh nichts läuft« – eine Einstellung, die wir uns ausführlich im Kapitel »Innere Haltung« angeschaut haben und die Du mit Sicherheit nicht (mehr) hast.

Weitblick gefordert!

Beachte zudem, dass eine Aufgabe zwar die richtige sein kann, um sie abzugeben – aber nicht zu diesem Zeitpunkt! Vermeide deshalb immer, zu kurzfristig zu delegieren. Warte nicht, bis Dir oder dem Team das Wasser bis zum Halse steht, bevor Du Unterstützer bemühst! Damit andere das Ruder übernehmen können, braucht es Vorlaufzeit, und dies bedeutet, dass Du Deinen eigenen Workload sowie anstehende Projekte, Spitzenzeiten oder personelle Entwicklungen regelmäßig reflektierst und versuchst, Engpässe frühzeitig zu erkennen.

Es reicht also nicht aus, lediglich die »richtigen« Aufgaben zu identifizieren – auch der Zeitpunkt des Abgebens muss passen. Erfolgreiches »Tu Du!« erfordert ein Minimum an Weitblick und konsequenten, frühzeitigen Entscheidungen. Das macht es den kreativ-chaotischen Ideensprudlern unter uns häufig schwer, Aufgaben abzugeben, da sie sich als »Last-Minute-Menschen« und Spontan-Entscheidern oft nicht mit Vorausplanung beschäftigen wollen. Und wenn die Hütte dann brennt, dann ist einfach keine Zeit mehr, andere Menschen vernünftig einzuarbeiten oder gar erst mal jemanden zu finden, der übernehmen könnte. Oder der Notnagel (externer Dienstleister) verlangt für seinen Last-Minute-Einsatz richtig viel Geld – das Du leider nicht hast. Und schon hängt alles wieder an Dir. Blöd gelaufen!

Ein gewisser Weitblick hilft Dir, die richtigen Aufgaben zum richtigen Zeitpunkt abzugeben. Delegation sollte für Dich die Regel sein, die Du konsequent anwendest, und nicht eine Notfallaktion, wenn es gar nicht mehr anders geht. Und jetzt brauchen wir natürlich auch noch die richtige Person für diese Aufgaben.

Prinzip #2: Die »richtige« Person auswählen

> *»Management ist die schöpferischste aller Künste.*
> *Es ist die Kunst, Talente richtig einzusetzen.«*
>
> ROBERT S. MCNAMARA,
> US-AMERIKANISCHER MANAGER (1916 – 2009)

Wann ist jemand, die »richtige« Person, um eine bestimmte Aufgabe zu übernehmen? Die Antwort ist immer ein Mix aus:

- Welche fachlichen Kompetenzen sind nötig – was bringt der andere mit?
    - Welche Fähigkeiten sind für diese Aufgabe nötig – was bringt der andere mit?
    - Welches Wissen ist nötig – was bringt der andere mit?
    - Welche praktische Erfahrung ist nötig, um diese Aufgabe gut machen zu können – was bringt der andere mit?
- Welche methodischen Kompetenzen sind nötig – was bringt der andere mit?
- Welche persönlichen Soft Skills sind nötig – was bringt der andere mit? (z. B. Verhandlungsgeschick, Zeitmanagement, guter Networker, Diplomatie, Teamfähigkeit, Eigenverantwortung …)
- Welcher Entscheidungsspielraum ist nötig – was bringt der andere bereits mit?
- Welche Verantwortung will ich abgeben – was kann der andere an Verantwortung übernehmen? Ein Praktikant oder Newbie kann weniger Verantwortung übernehmen als ein alter Hase.

- Will ich lediglich eine bestimmte Tätigkeit abgeben und mir zuarbeiten lassen, soll der andere eigeninitiativ werden? (vgl. die Sieben Stufen der Delegation)
- Oder stellen wir ein Team zusammen, das agil arbeiten soll?
- Welche Kontrolle ist bei dieser Person unter Berücksichtigung all der oben genannten Faktoren nötig?
- Wie sind die Rahmenbedingungen? Zeitrahmen? Puffer?
- Sind Vertraulichkeit oder Sicherheitsaspekte zu berücksichtigen?
- Sind Arbeitsschutz-Vorgaben, Tarifrechtliches oder Ähnliches zu berücksichtigen?
- Darf ich überhaupt an diese Person delegieren? Oder muss ich zunächst deren Führungskraft fragen?

Manche Unternehmen oder Teams erstellen für die erstgenannten Punkte eine Kompetenz-Matrix, in der je Mitarbeiter exakt aufgelistet ist, über welche Hard und Soft Skills derjenige verfügt. Sind dann Aufgaben zu vergeben, zeigt ein Blick in die (hoffentlich gut gepflegte) Matrix, wer prinzipiell schon mal gut geeignet sein könnte. Für manche Führungskräfte ist diese Matrix auch Grundlage, um Weiterbildungen gezielt zu vereinbaren und die Mitarbeiter entsprechend ihrem Potenzial und noch nicht ausgebauten Kompetenzen zu fördern und weiterzuentwickeln.

Du hast niemanden, der die »richtige« Person ist? Häufig werden (frischgebackene) Führungskräfte kurzgehalten, bekommen kein Team zur Seite gestellt und sind damit gezwungen, doch alles selbst zu machen. Halt Dich in diesem Fall an den italienischen Schriftsteller Ignazio Silone, der sagte: »Man sollte die Welt so nehmen, wie sie ist – aber nicht so lassen.« Setz Dich vehement dafür ein, dass Du den Aufgaben angemessene Unterstützer bekommst. Aber es gibt – oh Wunder – kein Budget dafür? Dann hol Dir Rückenstärkung im Kapitel »Mehr Fakten, bitte!«.

Die »richtige« Person – auch eine Frage des Timings

Je komplexer und fachintensiver eine Aufgabe ist, desto geschulter und erfahrener muss der andere sein, um Dich wirklich zu entlasten, oder desto mehr Zeit musst Du für Briefing, Feedbackschleifen und Kontrolle einkalkulieren.

Die »richtige« Person steht also immer auch in Relation zur Zeit, die Euch zur Verfügung steht. Faustregel: Je knapper die Deadline, desto fachlich besser, erfahrener und damit ruhiger und stressresistenter muss derjenige sein, an den Du Aufgaben abgibst. Und weil Du beim klassischen »Tu Du!« (im Gegensatz zu agilen Teams) in der Regel auch derjenige bist, der nach außen hin die Verantwortung trägt, desto mehr Puffer braucht Ihr, damit Du in Ruhe (!) das Ergebnis anschauen und gegebenenfalls nachbessern lassen kannst.

Zudem muss Dir klar sein, dass Du vielleicht im Binnenverhältnis Verantwortung an den anderen überträgst, im Außenverhältnis jedoch den Hut aufbehältst – und Dich im Falle eines Desasters schützend vor den anderen stellen musst. Gehasst sind hier die Vorgesetzten, die Teammitglieder nach außen ins offene Messer laufen lassen (»Der Müller hat das verbockt!«), gleich nach den Kollegen, die andere die Arbeit machen lassen und dann selbst die Lorbeeren kassieren.

Fachliche Kompetenz sicherstellen

Kennst Du die Fähigkeiten der Menschen, denen Du Aufgaben überträgst? Hast Du einen genauen Überblick über deren Wissensstand zum geplanten Projekt? Weißt Du, welche praktische Erfahrung diejenigen mitbringen? Konntest Du Dich davon überzeugen, dass diese *tatsächlich* über die nötigen Skills verfügen, oder *glaubst* Du es lediglich?

Es mag für Dich banal klingen, aber genau in mangelnden Fähigkeiten, fehlendem Wissen oder rudimentärer Erfahrung liegt der Hauptgrund, warum delegierte Aufgaben nicht oder nicht zu Deiner Zufriedenheit erledigt werden. Geh nicht stillschweigend davon aus, dass der andere Dir sagen wird, dass ihm bestimmte Skills fehlen, um diese Tätigkeit zu machen. Ja, sehr selbstkritische und selbstbewusste Kollegen oder Mitarbeiter werden Dir das sagen. Doch immer wieder stellt sich heraus, dass die stillschweigend vorausgesetzten Skills mitnichten vorhanden waren – aber es wurde nie thematisiert.

Selbst wenn Fähigkeiten oder Kompetenzen in den Lebensläufen stehen – oder bei Dienstleistern auf der Website –, sagt das nichts darüber aus, wie gut der andere tatsächlich ist. Klärt deshalb unbedingt im Briefinggespräch, welche Skills nötig sind und wie gut der andere diese draufhat. Fehlen wichtige Fähigkeiten, Know-how oder Erfahrung, dann lass den anderen zunächst schulen – oder gib die Aufgabe jemand anderem. Willst Du Dienstleister beauftragen, dann lass Dir Referenzprojekte nennen und ruf den ehemaligen Auftraggeber an. Das kostet Dich zwar erst mal Zeit, erspart Dir aber eine Menge Ärger, damit Du nicht im laufenden Projekt feststellst: Der andere leistet mitnichten das, was Du erwartet hast. Lern von Robert Lemke, einem deutschen Moderator und Unternehmer, der sagte: »Die Fähigkeit eines Chefs erkennt man an seiner Fähigkeit, die Fähigkeiten seiner Mitarbeiter zu erkennen.« Wie wahr!

Fordern – aber nicht überfordern

Natürlich kannst du Menschen ruhig Aufgaben geben, zu denen ihnen noch Skills fehlen, denn so können sie wachsen und sich weiterentwickeln. Vereinbart entsprechend Weiterbildungen oder vermittle selbst das nötige Know-how (Training on the Job). Achte allerdings darauf, dass der Gap zwischen derzeitigem Wissen und benötigtem Wissen nicht zu groß ist. Denn sonst manövrierst Du den anderen in die Überforderung hinein.

Der andere sollte jedoch auch nicht überqualifiziert sein. Auf Dauer schürt auch Unterforderung die Demotivation und treibt den anderen in das Bore-out hinein. Ein Bore-out hat ähnliche Symptome wie ein Burn-out: Chronisch Unterforderte fühlen sich gestresst, schlafen schlecht, stellen nach und nach ihre sozialen Kontakte ein. Logisch, denn wer will schon vor anderen zugeben, dass er sich gerade zu Tode langweilt!

Der Arzt diagnostiziert häufig ein Burn-out – und verordnet mehr Ruhe. Leider ist das komplett die falsche Behandlung, denn statt mehr Ruhe bräuchte der Erkrankte mehr Anforderungen, mehr Herausforderungen, mehr Action.

Ideal ist der Mittelweg und damit der Herausforderungsbereich, in dem wir im sogenannten Flow sind. Das ist der Bereich, in dem wir wach sind, gefordert (aber nicht überfordert) und aufblühen können. Sorg für eine gesunde Balance zwischen herausfordernden Aufgaben und routiniert zu erledigenden Jobs, so bleiben Deine Leute gefordert, aber auch gesund.

Präferenzen beachten

Wenn Du nach der »richtigen« Person für eine Aufgabe Ausschau hältst, dann wirf idealerweise auch einen Blick auf die Präferenzen, den Denkstil, der möglichen Kandidaten. Im Kapitel »Innere Haltung« hast Du die sechs unterschiedlichen Präferenztypen kennengelernt. Finde mithilfe eines Team- und Führungsworkshops sowie einer fundierten Denkstilanalyse heraus (Infos unter www.Kreative-Chaoten.com), wer in Deinem Team wie tickt, und versuch dann, die Kollegen und Mitarbeiter so einzusetzen, dass sie sich zumindest einen Großteil ihrer Zeit mit Aufgaben beschäftigen können, die ihrer Präferenz entsprechen oder die sie auf ihre Art bearbeiten können. Das gilt auch für Teams, die im Rahmen der agilen Methode »Scrum« gebildet werden. Achtet darauf, dass die Scrum-Teammitglieder nicht nur fachlich die richtigen sind, sondern auch von der Art, die Dinge anzupacken.

Welcher Präferenztyp mag was? Und was nicht?

Wissbegieriger Informationssammler (Wanda Wills-Wissen)
Mag: *Neues lernen, Informationen einholen, Wissen sammeln und aufbereiten, Daten recherchieren, Experten befragen, Internet-Recherche, den Informationsfluss sicherstellen.*

Mag nicht: *Silo-Denken, Informations-Monopole, vorschnelle Ratschläge oder Entscheidungen, ohne das Thema durchdrungen zu haben, selbst »etwas machen« müssen aus dem Wissen*

Visionärer Ideensprudler (Igor Ideenreich)
Mag: neue Ideen generieren, Querdenken, Status quo infrage stellen, disruptives Denken, komplett Neues erschaffen, Abwechslung haben, flexibel sein, Rapid Prototyping, Trends setzen

Mag nicht: Routinekram, Tagesgeschäft statt Raum für Neues, Vergangenheitsbewältigung statt Zukunftsdenken, starre Abläufe, zu detailliertes Arbeiten statt das große Ganze zu sehen, sich festlegen müssen, statt offen für Entwicklungen zu sein

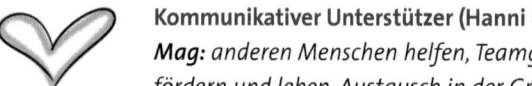
Kommunikativer Unterstützer (Hanni Herzlich)
Mag: anderen Menschen helfen, Teamgeist fördern und leben, Austausch in der Gruppe, Harmonie im Team, auf Bedürfnisse und Gefühle aller Teammitglieder achten, Beziehungen pflegen, »Servant Leader« sein

Mag nicht: nicht einbezogen werden, nicht dazugehören, Streit oder Disharmonie im Team

Zielstrebiger Umsetzer (Marc Macher)
Mag: Ablauforganisation festlegen, Pläne definieren und Ressourcen verteilen, Gas geben und auf Einhaltung von Termin, Qualität und Finanzen achten, zielorientiert und effektiv sein

Mag nicht: Entscheidungsunfreudigkeit, langsames Tempo, ineffektives Tun, Tagträumen, Ineffizienz, Harmonie um jeden Preis

Systematischer Ordner (Ottmar Ordentlich)
Mag: die geplanten Dinge nach einem vorgegebenen Standard zuverlässig umsetzen, sich an (Zeit-)Pläne halten, Abläufe wiederholt durchführen, Routinetätigkeiten, Checklisten nutzen

Mag nicht: neue oder veränderte Arbeitsweisen (»ständig das Rad neu erfinden«), abstrakte Themen bearbeiten, statt etwas konkret und praktisch herzustellen, häufigen Wechsel der Prioritäten

Analytischer Logiker (Dr. Annaliese Logisch)
Mag: Aufgaben gründlich, exakt und korrekt erledigen, Entscheidungen anhand Zahlen, Daten, Fakten treffen, Abläufe auf deren Korrektheit überwachen, Audits durchführen

Mag nicht: bei unklarer Faktenlage entscheiden oder arbeiten müssen, unvollständige oder ungenaue Angaben, das »Dampfplaudern« der Visionäre in Meetings, emotionale Entscheidungen, sinnloser Small Talk

Beispiel: Ihr wollt Eure Produkte verbessern? Setzt idealerweise ein paar *Informationssammler* hin, die sich einen aktuellen Überblick über den Markt, die Trends, die Kundenwünsche und die Aktivitäten der Mitbewerber verschaffen. Lasst diese die Informationen übergeben an die *Ideensprudler*, die die aktuellen Produkte komplett »zerlegen« und disruptiv völlig neue Szenarien entwickeln. Lasst zu, dass zunächst mal kein Stein auf dem anderen bleibt – das sichert Euch, dass Ihr nicht nur bestehende Produkte aufhübscht oder sogar völlig am Kundennutzen vorbei optimiert, sondern völlig neue Gebiete erobern könnt.

Lasst Euch dabei von Clayton Christensen inspirieren, einem Betriebsökonomen, dem auffiel, dass die meisten Marktführer bahnbrechende Innovationen verschliefen.[23] Nokia verpasste den Smartphone-Boom und wurde von Apple abgehängt, Taxi-Unternehmen belächelten zunächst Uber, die Big Player der Musikbranche mussten tatenlos zusehen, wie Napster den Markt eroberte, der stationäre Einzelhandel klagte über den Siegeszug von Amazon und Hotels ignorierten zunächst den Vormarsch von Airbnb, das das Thema »Übernachten« völlig auf den Kopf stellte, indem es Privatwohnungen vermittelte.

Warum verschliefen die Etablierten neue Geschäftsfelder? Weil sie – so Christensen – versuchten, bestehende Angebote immer noch ein bisschen besser zu machen, anstatt die Kernidee des eigenen Business zu zerstören und daraus etwas Neues wachsen zu lassen. Sie hielten zu lange fest an »nachhaltiger Innovation« und dachten lediglich über die Verbesserung bestehender Produkte nach, anstatt »disruptive Innovation« zu forcieren, völlig neue Produkte zu lancieren, die ein bis dato unbekanntes Kundenbedürfnis befriedigten. Unbekannt im Sinne von, dass nicht mal die Kunden wussten, dass so ein Angebot genial wäre. Schon lange kennen wir das, beispielsweise auch durch den legendären Ausspruch von Auto-Erfinder Henry Ford, der sagte: »Wenn ich die Menschen gefragt hätte, was sie wollen, hätten sie gesagt: schnellere Pferde.«

Lasst also die visionären Ideensprudler bestehende Ideen nehmen und komplett auf den Kopf stellen. Was ist das »Airbnb« in Eurem Produkt, Eurer Dienstleistung, die allen noch viel mehr Spaß machen würde als das, was Ihr bislang macht? Wählt für dieses disruptive Denken nicht die Systematischen Macher im Team aus – selbst wenn diese das nötige Fachwissen haben, so liegt ihnen disruptives Denken nicht im Blut, und ihre Resultate sind mit hoher Wahrscheinlichkeit nicht so innovativ wie die Lösungsvorschläge visionärer Ideensprudler.

Entsprechend solltest Du idealerweise keinen Ideensprudler mit der permanenten Pflege von Excel-Tabellen betrauen oder einen kommunikativen Unterstützer auf Dauer alleine vor sich hinarbeiten lassen, ohne Anschluss und Austausch mit anderen.

Ziel nicht darauf, dass Deine Leute 100 Prozent ihrer Zeit in ihrem Präferenzbereich sind. Zum einen ist das unrealistisch, weil in jedem Team Aufgaben anfallen, für die wir gerade niemanden haben, der ein Händchen dafür hat. Gut, vielleicht hast Du noch jemanden, der zumindest in seiner zweiten oder dritten Präferenz in der benötigten Denkwelt zu Hause ist (in der wissenschaftlich validen Auswertung werden die prozentualen Anteile je Präferenzwelt ausgewiesen), aber manchmal haben wir schlicht und ergreifend niemanden, der sich die Finger nach dieser Art von Aufgabe leckt, und dann muss eben jemand ran, der die benötigten Fähigkeiten mitbringt. Das ist nicht ideal, aber so ist das Leben!

Zum anderen fordert es uns heraus, sich auch mal an unliebsamen Aufgaben abzuarbeiten. Und an Herausforderungen wachsen wir. Sorg dafür, dass jeder rund 70 Prozent seiner Zeit mit Aufgaben aus seinem Präferenzbereich zubringen kann – die restlichen 30 Prozent machen wir dann relativ stressfrei einfach mit.

Denkfallen vermeiden

Denkfalle: »Ich habe keinen, an den ich Aufgaben abgeben kann!«

Halt die Augen offen, wen Du aufgrund seiner Präferenzen am besten mit welcher Art von Aufgabe betrauen kannst – das entschärft auch die limitierende Überzeugung, dass Du (hierarchisch) keinen hast, an den Du abgeben kannst. Denn hierarchisch mag es stimmen, dass Dir kein Mitarbeiter untersteht oder Du im privaten Alltag keinen Aufgaben-Übernehmer »unter« Dir hast. »Tu Du!« kann aber auch bedeuten, dass wir Aufgaben im Team, in der Familie künftig einfach an andere Menschen vergeben als bis dato. Dann sprechen wir eher von »Aufgaben anders verteilen« statt von »delegieren« – die Erfolgsregeln dafür sind jedoch die gleichen.

Aufgaben im Team anders zu verteilen macht Sinn, wenn viele von Euch permanent mit Tätigkeiten beschäftigt sind, die sie einfach nicht mögen, für die sie keine Präferenz haben. Sie bringen zwar von den Fähigkeiten und dem Know-how her alles Nötige mit – aber eben nicht die Präferenz, diese Aufgabe auf diese Weise zu bearbeiten.

Wie kann es zu einem solchen Zustand kommen? Solange wir das Thema »Präferenzen, Denkstil« nicht kennen, also gar nicht wissen, dass jeder von uns anders tickt, so lange verteilen wir die Aufgaben eben so, wie es kommt. Manchmal läuft es schon von vornherein im Einstellungsprozess nicht ideal, weil Unternehmen Stellen rein nach fachlicher Qualifikation ausschreiben, aber nicht beachten, wie die Aufgaben erledigt werden müssen.

Betrachte die Menschen in Deinem Umfeld bewusst mit einem Blick auf deren Präferenzen und stell eine Win-win-Situation her, indem Du Aufgaben so verteilst, dass jeder möglichst häufig seine Präferenzen ausleben kann. Entlaste die einen von »ungeliebten« Aufgaben, zum Wohle der anderen Präferenztypen, die damit happy sind.

Probiert auch Tandems zu bilden, in denen sich die Präferenzen ergänzen. Bislang hat das möglicherweise nicht funktioniert. Der Grund ist häufig, dass wir, solange wir das mit den Präferenzen nicht kennen, uns gegenseitig das Leben schwer machen, weil die einen über die »chaotische Arbeitsweise« der anderen schimpfen und die anderen die »Korinthenkacker« doof finden.

Teams, die jedoch mit dem Präferenz-Modell vertraut sind, erkennen, dass sie sich in Wahrheit perfekt ergänzen und damit zum absoluten Dream-Team wachsen können. Wer sich der eigenen Stärken und der Stärken der anderen bewusst ist, kann aufhören, sich zu bekämpfen, und Hand in Hand deutlich erfolgreicher sein. Eins plus eins ist in diesem Fall nicht zwei, sondern sogar drei oder mehr.

Schaut also gemeinsam die Aufgaben und Arbeitsabläufe in Eurem Team an und überlegt gemeinsam, wer ab sofort eine

Tätigkeit sehr viel besser und lieber übernehmen könnte als bislang. Setzt Scrum-Teams so zusammen, wie es das Beste für den Erfolg ist: Braucht Ihr ein homogenes Team, mit vielen gleichen Präferenztypen? Oder wird ein heterogenes, gemischtes Team sehr viel erfolgreicher sein?

Verteilt die Aufgaben nach Präferenzen, das garantiert Euch die bestmöglichen Ergebnisse – entsprechende Fähigkeiten und fachliches Wissen bei den Einzelnen natürlich vorausgesetzt. Und idealerweise bist Du damit auch Sand-Aufgaben aus Deinem Krug los – Sand-Aufgaben, weil sie aufgrund Deiner Präferenz so überhaupt nicht Dein Ding sind. Wenn Du im Gegenzug Aufgaben bekommst, bei denen Du aufblühst, macht das Deinen Krug zwar nicht leerer, aber füllt ihn mit Aufgaben, die um Klassen besser für Dich sind als die bisherigen.

> Denkfalle: »Ich möchte anderen keine Arbeit zumuten, die ich selbst nicht gerne erledige.«

Du hast die Aussage der Überschrift im Auftakt-Check angekreuzt? Wie stehst Du nun zu dieser Aussage, nachdem Du die Gedanken der verschiedenen Präferenzwelten gelesen hast? Vielleicht hattest Du bereits ein Aha-Erlebnis, mit dem Du ab sofort diese Überzeugung ad acta legen kannst. Falls nicht – lass es uns genauer anschauen.

Wenn die Teilnehmer meiner Seminare ihre jeweiligen Präferenzen kennen und mit der Theorie dahinter vertraut sind, mache ich gerne eine Stell-Übung. Dazu lege ich am Boden in einem Kreis Schilder der jeweiligen Präferenzwelten aus und bitte die Teilnehmer, sich zunächst mal auf ihre Hauptpräferenz zu stellen. Dann machen wir eine schnelle Abfrage-Runde, welche Aufgaben ihnen jeweils Spaß machen, bei welchen Tätigkeiten sie aufblühen. Anschließend bitte ich sie, sich auf die Präferenzposition zu stellen, bei der sie die geringste Punktzahl (Anteil) haben. Nun frage ich, mit welchen Aufgaben ich sie jagen könnte, welche Tätigkeiten ihnen überhaupt keinen Spaß machen.

Du kannst Dir sicherlich vorstellen, was an dieser Stelle deutlich wird: Aufgaben, bei denen sie sagen, diese seien wirklich gruselig für sie, sind Aufgaben, bei denen in der Runde vorher andere Teilnehmer sagten, diese seien Tätigkeiten, bei denen sie aufblühen würden, Aufgaben, die ihnen leicht von der Hand gingen. Und umgekehrt.

Hier erleben die Teilnehmer sehr plakativ, dass Arbeiten, die sie selbst überhaupt nicht mögen, für andere Menschen das Schönste der Welt sind. Warum haben sie das vorher nicht gesehen? Nun, meist schließen wir von eigenen Vorlieben und Befindlichkeiten auf generelle Vorlieben. Wir glauben, dass unsere Sicht der Dinge auch für andere Menschen gilt, ergo fragen wir gar nicht nach Unterstützung für »gruselige« Aufgaben. Besonders in Teamworkshops, in denen ich mit Gruppen arbeite, die auch im echten Leben miteinander arbeiten, ist diese Übung eine Schlüssel-Situation im Seminar, bei der sich die Zusammenarbeit aller ab sofort grundlegend ändert.

Alleine das Wissen um die unterschiedlichen Präferenzwelten sorgt dafür, dass wir viel bewusster miteinander umgehen und erkennen: »Meine Sand-Aufgaben (weil nicht meine Präferenz) sind wertvolle Steine für einen anderen Menschen (weil genau dessen Präferenz)!«

Zeitliche Verfügbarkeit klären

Abschließend macht es Sinn, die zeitliche Verfügbarkeit der Person zu klären, die Du mit einer Aufgabe betrauen willst. Erfahrungsgemäß lohnt es sich, offen und klar den anderen zu fragen, ob er diese (zusätzliche?) Aufgabe zeitlich bewältigen kann.

Führungskräfte, mit denen ich am Thema »Delegieren« arbeite, sagen an dieser Stelle häufig: »Warum sollte ich das explizit fragen? Wenn der Mitarbeiter keine Zeit hat, dann gehe ich davon aus, dass er mir das sagt!« Leider ist das eine Fehlannahme! Denn wie oft erleben wir, dass Mitarbeiter oder Kollegen nett sein wollen oder Konflikte vermeiden und »ja« sagen, obwohl sie mit anderen Aufgaben bereits völlig ausgelastet sind. Mit dem Effekt, dass sie die neu übertragene Aufgabe nicht rechtzeitig fertigbekommen oder sie sogar komplett unter den Tisch fallen lassen.

Nachzufragen schadet also nicht. Und sollte es eng werden, dann könnt Ihr jetzt noch frühzeitig gemeinsam entscheiden, ob besser jemand anderes die Aufgabe übernimmt. Oder welche andere Tätigkeit derweil zurückgestellt werden kann. Oder welchen Zeitaufwand Ihr überhaupt betreiben wollt, um diese Aufgabe zu erledigen (vgl. das folgende Prinzip #3, »Richtig briefen«).

Vorsicht: Manche Zeitgenossen haben es zur Meisterschaft gebracht, ständig gestresst zu sein – aus reiner Vorbeugehaltung, um neuen Aufgaben aus dem Weg zu gehen. Nach dem Motto: »Der Müller ist eh komplett ausgelastet, den brauche ich gar nicht zu fragen!« Schau also genau hin, welchen Workload die anderen tatsächlich haben. Vermeide damit, den »Abblockern« in die Hände zu spielen, aber vermeide damit auch, dass die »Netten« immer den Großteil der Arbeiten stemmen müssen.

Prinzip #3: Richtig briefen

»Die Sprache ist die Quelle aller Missverständnisse.«
ANTOINE DE SAINT-EXUPÉRY, AUS »DER KLEINE PRINZ«

Da reden wir den ganzen Tag. Miteinander. Übereinander. Doch wenn es darauf ankommt, Aufgaben so abzugeben, dass der andere sie gut erledigen kann, kommunizieren wir offenbar sehr stümperhaft. Oder wie kann es sein, dass Du Deinem Kind sagst, es solle sein Zimmer aufräumen – und anschließend die Matchbox-Autos unter der Bettdecke findest (»Das ist deren neue Garage!«)? Wie kann es sein, dass Du einen Kollegen bittest, Dir nachmittags »was Zuckerfreies« zum Trinken aus der Kantine mitzubringen, und er Dir einen Becher Buttermilch auf den Schreibtisch stellt, obwohl Du doch bekanntermaßen Cola light trinkst? Wie kann es sein, dass Du eine Mitarbeiterin bittest, eine »Übersicht der laufenden Projektkosten« zu erstellen, und sie nach mehrwöchiger Arbeit eine umfangreiche Excel-Tabelle liefert, in der ALLE Projekte des gesamten Unternehmens aufgelistet sind, obwohl Du »selbstverständlich« nur die Kosten der Projekte Deines Teams wissen wolltest?

Wir selbst haben, wenn wir Aufgaben abgeben, meist ein ganz klares Bild im Kopf, welches Ergebnis herauskommen soll, welche Schritte dazu nötig sind, was wir wollen und was nicht. Doch allzu häufig haben die Aufgaben-Annehmer eine völlig andere Vorstellung davon – und liefern dann entsprechend ihrer Bilder im Kopf.

Offenbar sprechen wir nicht die gleiche Sprache, und so ist es kein Wunder, dass nicht die gewünschten Ergebnisse herauskommen. Aus diesem Grund nimmt in Führungskräfte-

Seminaren oder Teamworkshops das Thema »Kommunikation« einen immer größer werdenden Part ein.

Sieben W-Fragen

Damit Zusammenarbeit oder Aufgaben-Delegation gut klappt, kannst Du Dich an sieben W-Fragen orientieren:
- WER macht?
- WAS?
- WIE?
- WOMIT?
- WO?
- WANN und bis WANN?
- WOZU?

Wer?

Die Antwort auf die Frage, *wer* etwas macht, haben wir bereits gut vorbereitet mit den Überlegungen zur »richtigen« Aufgabe und zur »richtigen« Person zum Auftakt dieses Kapitels. Gerade in Teams ist es dabei sehr wichtig, auch die anderen Teammitglieder wissen zu lassen, wer sich momentan um welche Themen kümmert, wer welche Aufgaben in der Mache hat oder wer für welche Themen zuständig und damit Ansprechpartner für die anderen ist.

In kleinen Teams und bei dauerhaft immer gleich verteilten Aufgaben reicht es, bei der Einarbeitung neuer Kollegen die Zuständigkeiten kurz zu erläutern oder bei Veränderungen der Zuständigkeiten per Mail oder im Meeting alle darüber zu informieren. Je wichtiger es allerdings ist, dass alle im Team up to date über den genauen Aufgabenstand der Kollegen sind, desto wichtiger sind ein Austausch in enger Taktung (beispielsweise Daily oder Weekly Stand-up-Meetings) und/oder die visuelle Darstellung, die allen Teammitgliedern zugänglich ist (siehe unten).

Was?

Die Frage, *was* zu tun ist, ist genau der Knackpunkt, an dem Delegieren scheitert, weil wir – wie eingangs besprochen – häufig eine völlig andere Vorstellung davon haben, wann eine Aufgabe »erledigt« ist, also was genau zu tun ist.

Umfasst »die Ablage machen« lediglich das Einheften aller heimatlosen Papiere in einen Ordner? Oder müssen die Papiere auf mehrere Ordner aufgeteilt werden, dabei neue Ordner angelegt und die Rückseiten beschriftet werden? Umfasst »das Auto putzen« die Innen- und Außenreinigung, das Putzen der Felgen und das Saugen und Ausklopfen der Fußmatten? Müssen dabei die Scheiben innen und außen gereinigt werden und auch der Kofferraum unter der Abdeckung gesäubert werden? Impliziert »eine Präsentation halten«, dass auch Handouts für die teilnehmenden Kollegen und Kunden erstellt werden? Häufig sagen wir: »Das ist doch klar, dass das alles dazugehört!« Ja, für uns vielleicht schon – für den anderen aber nicht. Und dann ist es keine »Faulheit« oder Arbeitsverweigerung, wenn der andere es nicht tut – er wusste es einfach nicht besser. Und das ist in der Regel nicht die Schuld des anderen, sondern unsere, weil wir unsere Erwartungen nicht klar formuliert haben.

Und das bedeutet, Du musst umso konkreter das »Was« briefen,
- je wichtiger es für Dich ist, dass bestimmte Teilaufgaben miterledigt werden,

- je jungfräulicher der andere bei dieser Aufgabe ist (ein Newbie muss gut und konkret eingearbeitet werden, während Du einem alten Hasen nur schnell das Schlagwort hinwerfen musst),
- je unzufriedener Du bislang mit der Erledigung durch den anderen warst.

Mach Dir deshalb selbst im ersten Schritt klar, wann eine Aufgabe für Dich als »erledigt« zählt, und teil dies im zweiten Schritt dem anderen so deutlich mit, dass er es wirklich versteht.

Wenn es sich um wiederkehrende Routinetätigkeiten handelt, macht idealerweise ein paar Durchgänge gemeinsam. Lass den anderen beobachten, was Du genau tust, so lernt er am schnellsten. Tauscht dann die Rollen: Der andere erledigt die Aufgabe, Du schaust zu und kannst immer noch eingreifen, wenn es nötig ist.

Dies entspricht dem Lern-Setting, nach dem wir:
- 90 Prozent von dem behalten, was wir selbst tun,
- 70 Prozent von dem, was wir selbst erklären,
- 50 Prozent von dem, was wir sehen und hören,
- 30 Prozent von dem, was wir sehen,
- 20 Prozent von dem, was wir hören,
- 10 Prozent von dem, was wir lesen.

Ihr könnt die Aufgabe nicht gemeinsam machen? Dann achte darauf, dass Ihr beide wirklich die gleiche Vorstellung davon habt, welcher Umfang und welche Teilaspekte in der Aufgabe stecken. Fertigt Checklisten an, in denen die Teilaspekte einer Aufgabe aufgelistet sind, dann geht nichts unter. Das wird Dir umso leichter fallen, je besser Du in der Thematik drinsteckst oder auch je mehr Erfahrung Du selbst auf diesem Themengebiet hast. Ansonsten lass solche Details von jemandem klären, der sich wirklich damit auskennt.

Wie ungemein wichtig es ist, das Wording vorab zu klären, habe ich schon in meinem Buch »LMAA – 66 Mini-Plädoyers für mehr Mut, Leichtigkeit und Gelassenheit« erwähnt. Wenn Du das Buch gelesen hast, erinnerst Du Dich vielleicht an mein Erlebnis mit der Webagentur, als ich für einen fünfstelligen Betrag unter anderem den Relaunch meines Blogs »GluexxFactory«.de in Auftrag gab. Als die Agentur »fertig« vermeldete, rief ich die Blog-Seite auf – und stellte fest, dass zwar die Optik so war, wie besprochen, allerdings war keiner meiner damals 600 Blog-Beiträge zu sehen. Auf Nachfrage sagte mir der Agenturchef, sie hätten alles genau so gemacht, wie im Angebot geschrieben. »Wir haben Ihnen den optischen Relaunch des Blogs angeboten, von Content-Umzug war nie die Rede.« Als Online-Laie war mir das Wording im Angebot nicht geläufig gewesen. Ich war davon ausgegangen, dass ich »meinen« Blog wiederbekomme – in einem neuen optischen Gewand.

Für mich ist dieses Erlebnis nach wie vor ein gutes Beispiel über ein komplett anderes Verständnis über das »Was«. Klär deshalb unbedingt auch, was Du und der andere unter bestimmten Wörtern versteht. Wenn Du nicht versiert bist bei bestimmten Aufgabenstellungen, dann hol Dir den Rat von Profis ein. Oder Du zahlst eben den Preis des Scheiterns – und lernst daraus, beim nächsten Mal genau zu hinterfragen, was genau, welchen Umfang und welche Teilschritte der Aufgaben-Annehmer gewillt ist zu leisten. Mach Dir bewusst, dass Dein Wording nicht unbedingt für den anderen das bedeutet, was für Dich doch sonnenklar ist.

Wie?

Wie muss die Aufgabe erledigt werden? Gibt es einen bestimmten Weg, ein bestimmtes Prozedere, das unbedingt eingehalten werden muss, damit die Aufgabe »richtig« erledigt ist?

Gerade bei Hilfstätigkeiten ist häufig exakt vorgeschrieben, wie die Tätigkeit auszuführen ist. Ein Abweichen von diesem Weg ist nicht erwünscht und wird geahndet. So geben Restaurantketten beispielsweise dem Personal exakt vor, bei welcher Temperatur die Pommes wie lange frittiert werden, oder es ist genormt, wie viele Scheiben Lachs und Zwiebeln auf ein Lachsbrötchen dürfen und wie viel Gramm Sauce. Damit soll gewährleistet werden, dass die Kunden in jeder Filiale das gleiche Geschmackserlebnis haben. Manche Unternehmen geben Gesprächsleitfäden vor und Textbausteine, mit denen Kunden begrüßt und verabschiedet werden, damit das Kundenerlebnis immer gleich ist, egal mit welchem Mitarbeiter sie sprechen. Und manchmal ist es schlichtweg dem Arbeitsprozess geschuldet, dass erst mit Bohrer 1 ein Loch an Stelle 2 gebohrt werden muss, damit dann Platine 3 dort eingesetzt werden kann. Ein Verändern des Ablaufs oder ein Wechsel des Werkzeugs würde den kompletten Arbeitsgang sinnlos machen.

Wie ist das bei den Aufgaben, die Du abgeben willst? Müssen *tatsächlich* bestimmte Prozesse eingehalten werden, damit das Ergebnis passt? Oder ist es lediglich wichtig, ein bestimmtes Ziel zu erreichen – aber der Weg dorthin kann variieren?

Die Betonung liegt auf »tatsächlich« – denn Hand auf Herz: In den meisten Fällen ist es doch völlig egal, auf welchen Wegen wir zu einem bestimmten Ergebnis kommen. Hauptsache, die erledigte Arbeit stiftet den Nutzen, den sie bringen soll. Doch allzu häufig halten Delegierer an genau einem Weg fest, und sobald der andere davon abweicht, ärgern sie sich, dass »delegieren einfach nicht klappt« oder dass »die anderen zu doof sind, es richtig zu machen«.

Nein, die anderen sind in der Regel nicht zu doof – wenn Du eine Tätigkeit auf eine ganz bestimmte und einzigartige Weise ausführen lassen willst, dann musst Du das zwingend exakt so vorgeben. Mit Vorlagen, Checklisten, Mustern oder mehrmaligem Vormachen. Wenn Du Wert auf bestimmte Plätze bei der Ablage oder dem Aufräumen legst, dann erklär das genau, und behelft Euch beispielsweise mit sogenannten Schattenbildern. Dies ist eine bewährte Methode in Werkstätten, in denen an den Aufbewahrungsorten der jeweiligen Werkzeuge ein Schattenumriss an die Halterung gezeichnet wird. Entnimmt jemand den Hammer, dann bleibt der Schattenumriss und zeigt jedem an, hier kommt der Hammer nach der Nutzung wieder zurück. Bilder als Platzhalter für entnommene Werkzeuge, Büromaterial oder auch im privaten Alltag für Kinderspielzeug helfen ungemein beim »richtigen« Aufräumen und verhindern, dass gegen Deinen Willen die Kinderbettdecke kreativ als neue Garage verwendet wird.

Ja, das ist zunächst einmal viel Aufwand. Du brauchst die Zeit und die innere Ruhe, die Arbeitsabläufe selbst zu durchdringen, vielleicht zu dokumentieren und dann den anderen entsprechend zu briefen. Deshalb macht das nur Sinn bei Aufgaben, die wiederholt anfallen werden und für die Du – oder jemand anderes – den Neuling einarbeitest oder ausbildest.

Und genau hier liegt die Schwierigkeit für all diejenigen, die von einem Antreiber »Beeil Dich!« getriggert sind (vgl. Kapitel »Innere Haltung«), und häufig auch für die visionären Ideensprudler, die sich nicht gerne mit Kleinkram aufhalten. Häufig geben diese Menschen schnell-schnell ab, werfen dem anderen die Aufgabe zu und sind dann von Rückfragen wie »Wie soll ich da vorgehen?« genervt. Sie denken: »Wenn ich das so genau wüsste, hätte ich es ja gleich selbst gemacht!« Und das tun sie meist dann auch: Sie schauen sich an, wie die Aufgabe gelöst werden müsste, erkennen, dass es ja nur drei Mausklicks sind, um den Vertrag als PDF elektronisch zu unterzeichnen, und bevor sie das jetzt lange erklären, machen sie es eben schnell selbst.

Effekt: Die Aufgabe wurde mit der kleinen Rückfrage erfolgreich an Dich zurückdelegiert, und der andere lernt: Ich muss nur nachfragen, dann muss ich nichts tun. Oder der andere ist demotiviert, weil Du die Aufgabe wieder an Dich gerissen hast, fühlt sich unzulänglich und wird auf diese Weise immer weniger gerne für Dich tätig werden. Lern Deine Ungeduld einzubremsen – ja, ich weiß, das ist eine echte Challenge, und bei den vielen technischen Möglichkeiten, die wir heute haben, ist es vermeintlich oft schneller, wenn wir selbst Hand anlegen. Aber häufig lügen wir uns in die eigene Tasche, weil es dann doch zehn Minuten dauert, bis das PDF korrekt gespeichert ist. Blöd für alle Beteiligten! Deine Zeit ist weg, das Verhältnis zwischen Dir und dem ursprünglich Beauftragten getrübt.

Während sich die einen also in Geduld üben dürfen, dürfen die anderen lernen, das Wie lockerer zu sehen. Was meine ich damit? Prüf Dich selbst, ob es tatsächlich wichtig ist, dass das Wie exakt nach Deinen Vorstellungen eingehalten wird, oder ob Du dem anderen nicht die Freiheit geben kannst, es auf seine

Art zu machen. Gerade die Systematischen Macher unter uns (die Ottmar Ordentlichs) beharren gerne auf ihrem Weg, weil sich der einfach bewährt hat. Sie sind unzufrieden, wenn Reihenfolgen nicht eingehalten werden oder das Ergebnis anders aussieht, als sie es gemacht hätten. Aufgaben-Abgeben hat auch viel mit Loslassen der eigenen Vorstellungen zu tun – und je besser Du das kannst, desto besser können Dich andere Menschen unterstützen.

Halt Dir bewusst vor Augen, was das Ziel der Tätigkeit ist, das *Wozu* (vgl. unten). Und mach Dir klar: Solange das Ziel erreicht ist, ist das Wie ganz häufig nicht mehr wichtig. Wenn Kundenzufriedenheit Euer oberstes Ziel ist, dann ist es egal, mit welchem Wortlaut sich jemand am Telefon meldet, Hauptsache, der Anrufer fühlt sich willkommen. Und das tut er übrigens umso mehr, je weniger »automatisch« die Begrüßungsfloskel abläuft.

Gib Deinen Aufgaben-Übernehmern bewusst den Freiraum, das Wie selbst zu entscheiden oder zu erarbeiten. Mach Dir klar, dass sie es auf jeden Fall anders machen werden, als Du es machen würdest. Logisch – sind ja auch andere Menschen. Vertrau darauf, dass anders auch sehr gut sein kann. Und lass los.

Womit?

Womit soll die Aufgabe erledigt werden? Mit welchen Ressourcen, Werkzeugen, Arbeitsmitteln, Unterlagen, Quellen oder mit welcher Unterstützung durch andere soll der Aufgaben-Übernehmer aktiv werden? Mit welchen Vorschriften, Gesetzen oder Sicherheitshinweisen muss er arbeiten? Welche Befugnisse sind nötig? Muss ein bestimmtes Werkzeug, ein bestimmtes Programm genutzt werden, damit das Ergebnis passt? Mit welchem Budget kann er hantieren? Welche betroffenen Kollegen oder Geschäftspartner müssen ins Boot geholt werden? Wer kann bei Fragen kontaktiert werden?

Nenn klar und deutlich die finanziellen, materiellen, personellen und methodischen Ressourcen, die zur Verfügung stehen, und sag auch, wie mit Hindernissen umzugehen ist. Je unerfahrener der Aufgaben-Übernehmer ist, desto genauer musst Du das Womit briefen.

Wo?

Wo eine Aufgabe erledigt werden muss, ergibt sich häufig aus der Aufgabe selbst: Alle Tätigkeiten, die nur ortsgebunden ausgeführt werden können, haben natürlich ein festgelegtes Wo. Aber häufig haben wir durchaus Spielraum, um uns einen idealen Ort zu suchen. Gerade wenn es um Kreativ-Themen geht (Konzept erstellen, Brainstorming machen) oder wenn der andere konzentriert und störungsfrei arbeiten soll, kann eine externe Location oder ein Homeoffice-Tag sinnvoll sein. Gib beim Briefing die Info mit, wenn der andere die Freiheit der Ortswahl hat. Viele Menschen nehmen das dankbar an, würden aber nie von sich aus danach fragen.

Wann? Bis wann?

Wann soll der andere sich um die Aufgabe kümmern (Tages-/Wochenplanung) und bis wann brauchst Du das Ergebnis (Deadline)? Im Prinzip sind das zwei simple Angaben, die jedoch beim Delegieren häufig nicht klar kommuniziert werden. Und dann fallen Aufgaben-Abgeber aus allen Wolken, wenn sie zwei Tage vor dem »vereinbarten« Termin nach dem Stand der Dinge fragen und der andere noch nicht mal angefangen hat, weil »er ja noch so viele andere Aufgaben in der Pipeline hat«. Jetzt wird es eng, und häufig legen die Delegierer dann doch selbst Hand an, um die Deadline zu halten. Im Folgenden findet Du ein paar wichtige Tipps, wie Du Deinen Aufgaben-Abnehmer bei seinem Zeitmanagement unterstützen kannst.

Zeitinseln blocken: Je näher Du dem anderen hierarchisch bist, desto größer ist Deine Fürsorgepflicht, den Aufgaben-Annehmer in seiner Zeitplanung zu unterstützen. Sicherlich wirst Du Mitarbeiter oder Kollegen haben, die sich und ihre Aufgaben sehr eigenständig und selbstbewusst organisieren. Das sind aber auch diejenigen, von denen die obige Aussage mit der Pipeline niemals kommen würde und denen Du vertrauensvoll beim Wann freie Hand lassen kannst.

Für alle anderen Menschen, vor allem für die, an die Du Aufgaben erstmals abgibst und deren Zeitmanagement Du noch nicht einschätzen kannst, lohnt sich die Rückfrage, wann sie sich darum kümmern werden. Ein erstes Commitment, dass sie prinzipiell Zeit haben, sich darum zu kümmern, hast Du ja bereits im Vorfeld geschaffen. Jetzt geht es darum, Zeitinseln (Timeboxes) zur Bearbeitung zu finden – und beispielsweise andere Aufgaben gemeinsam zu verschieben.

Du hältst das für bevormundend? Wie gesagt, manche Deiner Aufgaben-Übernehmer planen ihre Aufgaben selbst sehr souverän und würden Dich über Engpässe eigeninitiativ informieren. Auch im privaten Alltag scheuen sich vor allem Familienmitglieder meistens nicht, Dir ein »Wann soll ich denn das noch machen!?« entgegenzuschleudern. Im Job sieht es jedoch völlig anders aus: Ein Großteil der Berufstätigen nimmt zunächst mal schweigend neue Aufgaben an und müht sich dann selbst ab, das alles irgendwie auf die Reihe zu bekommen.

Prioritäten besprechen: Viele berichten, dass es ihren Vorgesetzten völlig egal sei, wie sie zusätzliche Aufgaben in ihren eh schon vollen Alltag integrieren, und wären total dankbar, nicht selbst entscheiden zu müssen, welche anderen Aufgaben sie zurückstellen oder sogar ganz streichen könnten.

Manche berichten, sie würden tatsächlich proaktiv nachfragen, wie sich dann die Prioritäten der anderen Aufgaben verschieben würden, und ernten Aussagen wie »Ach, das schaffst Du doch alles mit links!« oder »Du hast schon fünf Aufgaben mit Prio 1 – superwichtig, superdringend? Dann behandle die neue Aufgabe als Prio 0 – noch wichtiger und dringender!«. Liebe Aufgaben-Abgeber: Das sind keine wirklich zielführenden und motivierenden Zeitangaben! Wenn Du willst, dass Aufgaben gut und pünktlich erledigt werden, nimm Dir die Zeit, die Tages- und Wochenplanung des anderen anzuschauen. Besonders, wenn der andere Dich um Entscheidungshilfe fragt. Das zeugt von Wertschätzung und sichert Dir, dass Du übertragene Aufgaben zuverlässig erledigt bekommst.

Meilensteine vereinbaren: Nutz das Gespräch auch, um Meilensteine und deren Zeitpunkte zu vereinbaren. Auch hier gilt: Je erfahrener der andere ist und je besser Du seine Arbeitsweise und Zuverlässigkeit kennst, desto weniger wichtig werden solche Zwischenrunden. Für alle anderen zerlegen Meilensteine eine (große) Aufgabe in Häppchen, zu denen sie Dir zu den vereinbarten Zeitpunkten einen Zwischenstand geben und Feedback bekommen.

Diese Zwischenetappen sind hilfreich, um frühzeitig gegensteuern zu können, wenn eine Aufgabe völlig anders bearbeitet wird, als Du Dir das wünschst. Sie sichern, dass kontinuierlich an der Aufgabe gearbeitet und nicht in einer Last-Minute-Aktion schnell etwas zusammengeschustert wird. Und sie ermöglichen zudem, dass Ihr die Aufgabenstellung oder sogar die Zielsetzung neu definieren könnt, wenn sich im Tun herausstellt, dass die Ausgangserwartungen lückenhaft oder sogar falsch waren. Vermeid dabei aber bitte unbedingt ein Hin und Her, also veränder Deine Erwartungen oder Ziele der Aufgabe nicht ständig, das frustriert den anderen komplett.

Vereinbart konkrete Termine (Tag, evtl. Uhrzeit), wann der andere Dir ein Update über den Stand der Dinge gibt, und vereinbart, wer auf wen zukommt. Idealerweise ist der Aufgaben-Übernehmer der aktive Part, der Dich anspricht. Das betont, dass die Verantwortung beim anderen liegt und Du kein Kindermädchen bist. Setz Dir einen Reminder in Deinen eigenen Kalender, dass der andere an diesem Tag in der Bringschuld ist.

Ansonsten sag dem anderen deutlich, dass Du auch zwischen diesen Terminen für Rückfragen ansprechbar bist, damit das Projekt nicht stagniert.

Leg die Meilenstein-Treffen nicht zu engmaschig, und frag auch nicht ständig nach dem Stand der Dinge. Wer ungerechtfertigt zu viel überwacht, schadet mit diesem Mikromanaging dem eigenen Zeitbudget und der Motivation des anderen.

Nötigen Zeitaufwand festlegen: Hilfreich bei der Zeitplanung ist es, den Zeitaufwand festzulegen, der für diese Aufgabe überhaupt betrieben werden soll. Denn der anvisierte Zeitaufwand schlägt sich nicht nur im Zeitmanagement nieder, sondern zeigt auch, in welchem Umfang die Aufgabe geliefert werden soll. Jetzt können frühzeitig noch unterschiedliche Auffassungen von »Wann bin ich fertig?« erkannt und besprochen werden. So wie im Beispiel der Projektkosten weiter oben. Hätte der Delegierer gesagt, er denke, die Kosten seien in rund drei Stunden zusammengetragen, hätte die Kollegin widersprochen, und die beiden hätten gemerkt, dass sie nicht vom gleichen Umfang sprechen.

Um einen Zeitaufwand einzuschätzen, kannst Du drei Methoden wählen:

1. **Referenzwerte nehmen (Erfahrung):** Ihr habt diese oder eine ähnliche Aufgabe bereits früher mit einem guten Ergebnis gelöst? Wie lange habt Ihr damals gebraucht? Orientiert Euch an diesem Wert. Du willst eine Zeitangabe für Routinetätigkeiten? Dann lasst beim nächsten Mal eine Stoppuhr laufen, dann wisst Ihr es genau. Beachtet dabei bitte auch, unter welchen Bedingungen die Aufgabe erledigt wird (Störungen, Probleme, Warten auf Antwort …), welchen Leistungsgrad der Bearbeiter hat (Ist es ein sehr schneller, der bekanntermaßen ein 130-Prozent-Tempo hat, oder ein eher gemächlicher Mitarbeiter?), und rundet den vermutlich künftig benötigten Zeitaufwand entsprechend auf oder ab.

Wichtig: Es geht hier nicht um Bestzeiten, sondern um eine realistische Einschätzung des Zeitaufwands, den wir für eine stressfreie und gute (!) Erledigung brauchen.

2. **Timeboxing und das »Gas-Gesetz«:** Du hast keine Ahnung, wie lange die Erledigung dauern wird? Dann dreh den Spieß um und sag, wie lange Ihr für diese Aufgabe brauchen wollt. Warum macht das Sinn? Erfahrungsgemäß braucht eine Aufgabe häufig auch so lange Zeit, wie wir ihr geben. Du hast den ganzen Tag Zeit, um eine Präsentation zu erstellen? Du wirst den kompletten Tag brauchen! Du hast 50 Minuten bis zum nächsten Mee-

ting, um Dich vorzubereiten? Du wirst in 50 Minuten startklar sein! Deine Tochter will in 20 Minuten zu einem Date? Sie wird in 20 Minuten ausgehfein sein.

Das Phänomen dahinter ist als »Gas-Gesetz« oder auch »Parkinson'sches Gesetz« berühmt geworden. Denn ein Gas (z. B. Luft) dehnt sich so weit aus, wie es seine Begrenzung zulässt. Wir können ein Gas verdichten, indem wir es in ein enges Gefäß pressen oder indem wir ihm mehr Raum geben, den es dann auch einnehmen wird.

Leg deshalb im Hinblick auf die abzugebende Aufgabe fest, wie lange der andere zur Erledigung brauchen SOLL. Reserviert dann auch gleich ein oder mehrere schöne Zeitinselchen im Kalender des anderen und beschränkt damit den Zeitaufwand von vornherein.

Knappe Zeitinseln/Zeitfenster/Timeboxes sind besonders hilfreich für die Perfektionisten unter uns, weil Aufgaben auf diese Weise ein fixes Ende haben. Sie zeigen auch deutlich an, wie detailliert eine Aufgabe bearbeitet werden kann: Je kürzer die dafür vorgesehene Zeitinsel ist, desto weniger kann in die Tiefe gegangen werden. Natürlich hängt die Länge der Timeboxes sehr stark davon ab, welches Wissen und welche Erfahrung der Aufgaben-Übernehmer mitbringt. Ein Newbie wird in einer Stunde nie den gleichen qualitativen Output schaffen wie ein versierter Kollege. Taktet Euch eng, aber nicht zu eng, damit es nicht von Anbeginn Stress gibt und halbgare Resultate provoziert werden.

3. **Planning Poker**[24]: Im agilen Projektmanagement hat sich für das Schätzen von Zeitaufwänden vor rund 15 Jahren die Methode »Planning Poker« etabliert (auch »Scrum-Poker« ge-

nannt), die mittlerweile im IT-Bereich und darüber hinaus zum bewährten Standard zählt. Mithilfe von speziellen Spielkarten (oder entsprechenden Apps) können Teams festlegen, welchen ungefähren Zeitaufwand eine bestimmte Projektarbeit oder ein Teilprojekt in Anspruch nehmen wird.

Und so geht es:
- Jedes Teammitglied erhält einen kompletten Satz Schätz-Karten mit unterschiedlichen Zahlenwerten plus drei Sonderkarten (»Kaffeetasse«, »Unendlich« und »Fragezeichen«).
- Die Zahlen beruhen in den meisten vorgefertigten Kartendecks oder Apps auf einer abgewandelten Form der sogenannten Fibonacci-Folge[25]. Das bedeutet, die Werte der Karten steigen exponentiell an und bilden – vereinfacht gerechnet – die Summe der beiden letzten beiden Werte. Standarddecks lauten häufig wie folgt: 0, 1/2, 1, 2, 3, 5, 8, 13, 20, 40, 100. Die »0« kann dabei anzeigen, dass jemand die Aufgabe als »bereits erledigt« betrachtet, »1/2« steht für eine kleine, einfache Aufgabe oder wenig Zeitbedarf, und die »100« steht für eine sehr komplexe Aufgabe mit sehr hohem benötigten Zeitaufwand.

- Auf Aufforderung durch den Moderator wählt nun jeder für sich – nachdem eine zu bearbeitende Aufgabe dem Team vorgestellt wurde – die Karte, die seinen geschätzten Zeitaufwand ausdrückt, und legt sie verdeckt vor sich ab. Damit soll vermieden werden, dass man sich, wie bei offenen Abfragen üblich, unbewusst an den Werten der Vorredner bzw. Nachbarn orientiert (»Anker-Heuristik«).
- Zeitgleich decken nun alle Teammitglieder ihre Karten auf, die Werte werden verglichen und diskutiert. Da jeder eine Karte legen muss, werden auch eher stille Kollegen spielerisch in die Entscheidung eingebunden.
- Zeigen alle aufgedeckten Karten den gleichen Wert, dann kann diese Schätzung direkt ins Projektmanagement einfließen.
- Bei unterschiedlichen Werten sind häufig die höchsten und die niedrigsten Werte interessant zu diskutieren, weil die »Spieler« offenbar eine völlig andere Auffassung von Umfang und Komplexität des Themas haben.
- Legen viele Spieler Pokerkarten mit hohen Werten (ab 20) aus, dann muss meist darüber nachgedacht werden, wie sich die Aufgabe in noch kleinere Schritte zerlegen lässt, damit überschaubare und vor allem schätzbare Einheiten gefunden werden können.
- Nach einer (zeitlich begrenzten) Diskussion, in der jeder zu Wort kommen soll, einigt sich das Team auf den Zeitbedarf, der für diese Aufgabe vermutlich gebraucht wird. Bei Bedarf kann auch eine zweite oder dritte Kartenauslegerunde gemacht werden, bis ein Konsens gefunden ist.
- Die Sonderkarten haben zusätzliche Funktionen: Die »Kaffeetasse« kann zum Fordern einer Pause eingesetzt werden

(z. B. wenn das Meeting bereits lange dauert). Das »Fragezeichen« zeigt an, dass der Spieler keine Einschätzung geben kann, weil er beispielsweise zu wenig Fachwissen über die Aufgabe hat. Die »Unendlichkeitskarte« kann ein Spieler setzen, wenn er die Aufgabe als zu komplex oder zu groß für eine vernünftige Zeitschätzung oder die Aufgabenformulierung für zu ungenau hält.

Planning Poker eignet sich besonders gut bei Aufgabenstellungen, die viele unbekannte Variablen haben oder bei denen Fachwissen aus unterschiedlichen Disziplinen nötig ist. Alle von der Aufgabe betroffenen Kollegen sitzen an einem Tisch und bringen die unterschiedlichen Sichtweisen ihrer Sparte ein. Die Methode fördert eine konstruktive Auseinandersetzung, hilft wichtige Fragen aufzuwerfen und ein besseres Verständnis der zu erledigenden Aufgabe zu gewinnen. Und Spaß macht sie auch.

Deadline festlegen: Mach unbedingt eine unmissverständliche Aussage, wann die erledigte Aufgabe wieder bei Dir auf dem Schreibtisch landen soll, also welche Deadline gilt. Im Führungskräfte-Coaching merken manche Klienten, dass sie zu häufig keine oder nur unklare Angaben machen, wann die Aufgabe erledigt sein muss.

Keine Aussage zur Deadline machen sie, wenn sie stillschweigend davon ausgehen, dass der andere doch weiß, dass »ich das bis zur nächsten Vorstandssitzung brauche, weil ich da präsentiere«. Ja, wenn Du schon lange mit jemanden zusammenarbeitest und er weiß, wozu die delegierte Aufgabe dient (vgl. unten), dann kann er schon mal eine Deadline erraten.

Hilfreicher ist es in jedem Fall, wenn Du es glasklar formulierst: »Bitte mach mir das bis diesen Donnerstag, 15 Uhr, fertig.«

Oftmals wird keine Deadline angegeben, weil auch die Führungskräfte keine Deadline haben, an der sie selbst mit der erledigten Aufgabe weiterarbeiten oder das Ergebnis an einen Dritten liefern müssen.

Dummerweise verschwinden jedoch ohne Deadline delegierte Aufgaben häufig im Nirwana der unerledigten To-dos. Weil sie nie »dringend« werden, liegen sie auf der langen Bank. Verschläft nun auch der Aufgaben-Abgebende, dass da ja noch was offen ist, dann liegen sie dort auf ewig.

»Nun«, sagst Du jetzt vielleicht, »wenn keinem auffällt, dass da noch eine Aufgabe offen ist, war sie ja offenbar nicht so wichtig. Und dann ist es ja gut, wenn sich keiner darum kümmert.« Im Kern hast Du völlig recht, und genau aus diesem Grund betreiben auch viele Menschen »Zeit gewinnen by Beamten-Mikado«. Nach dem Motto: Wer sich zuerst bewegt, hat verloren. Besonders wenn sie bereits die Erfahrung gemacht haben, dass ihnen Aufgaben übertragen wurden, nach denen nie wieder einer gefragt hat. Da wären sie ja dumm, wenn sie da Zeit in etwas investieren, das scheinbar keiner braucht. Oder wenn sie nach einigen Wochen in einer Nachtschicht endlich mal die liegen gebliebenen Aufgaben abarbeiten, das Ergebnis liefern – nur um zu hören: »Ach, Du hast das jetzt gemacht? Oh, sorry, ich hatte vergessen, Dich zu informieren, dass wir es gar nicht mehr brauchen ...«

Aufgaben einfach liegen zu lassen kann Euch jedoch auch gewaltig um die Ohren fliegen. Weil es beispielsweise doch plötzlich wichtig ist, dass Eure Außenkommunikation DSGVO-konform ist, und die ersten Abmahnungen ins Haus flattern.

Oder weil Ihr Euch vor lauter emsigem Tun im Tagesgeschäft nicht um die Weiterentwicklung Eurer Produkte oder Dienstleistungen gekümmert habt und jetzt »über Nacht« Mitbewerber auftauchen und der Umsatz einbricht.

Gerade bei Selbstständigen und Solo-Entrepreneuren liegen häufig genau die Aufgaben auf der langen Bank, die »eigentlich« wertvolle Steine sind (strategische Ausrichtung, Marketing, die eigene Gesundheit) und die nicht eingefordert werden, wenn Teilarbeiten (z. B. Marktrecherche) dazu an Dritte gegeben werden. Weil wir selbst keine Zeit haben, mit dem Zuarbeiten weiterzumachen, ist es ja egal, wann der andere liefert. Bis es halt zu spät ist. Lasst Euch von Mark Twains so wahrem Ausspruch inspirieren, gezielt Deadlines zu setzen: »Gäbe es die letzte Minute nicht, so würde niemals etwas fertig« – auch wenn »eigentlich« keine Dringlichkeit geboten ist. Denn erfahrungsgemäß fangen wir ohne Deadline nie an! Das ist offenbar ein Naturgesetz der menschlichen Spezies.

Formulier die Deadline so klar wie möglich. »Bis Ende des Monats« mag klar klingen. Was aber, wenn der 31. ein Sonntag ist? Willst Du die Aufgabe dann am Freitag(abend?) auf dem Tisch haben? Oder reicht Montagmorgen – was streng genommen »zu spät geliefert!« bedeutet? Oder sitzt Du am Sonntag am Laptop und wartest auf die Lieferung? Bis nachts um 23.59 Uhr? Noch schöner sind Angaben wie »Bis zum nächsten Quartal brauche ich das«, »Das müssen wir uns im kommenden Jahr unbedingt dann genauer anschauen«.

Auch hier gilt: Wenn Du Aufgaben abgibst, dann musst Du davor ein Minimum an Hirnschmalz investieren und Dir selbst über den Zeitrahmen klar werden. Definier für Dich, wann Du das Resultat haben willst – und gib das entsprechend weiter.

Mit Puffern arbeiten: Sorg mit Puffern dafür, dass Dich verspätete Lieferungen oder noch notwendige Nacharbeiten nicht unter Druck bringen. Kalkulier Luft nach oben ein für den Fall, dass Dein Zulieferer krank oder aufgrund neuer Prioritäten nicht wie vereinbart tätig wird. Rechne auch damit, dass der andere vielleicht pünktlich liefert – aber leider nicht so, wie Du Dir das vorgestellt hast. Viel zu häufig sitzen in diesen Fällen die Delegierer dann nämlich auf den letzten Drücker selbst da und erledigen die Arbeit höchstpersönlich, weil keine Zeit mehr ist, um die Aufgabe an den anderen zurückzugeben und von ihm nachbessern zu lassen.

Wenn Du eine Arbeit bis Freitagmittag brauchst, setz dem anderen als Deadline beispielsweise Donnerstagmittag. Das verschafft Dir eine Zeitreserve, um die dann möglicherweise nicht erledigte Aufgabe an einen Vertreter zu geben (der Notnagel musst nicht Du sein!) oder vom Aufgaben-Übernehmer inhaltlich nachbessern zu lassen.

Wichtig dabei: Wenn Du Donnerstagmittag vereinbart hast, gib bitte kurz danach schon ein erstes Feedback. Nichts ist demotivierender und nerviger als Vorgesetzte und Kollegen, die erst Wind machen, dass sie die Aufgabe bis Donnerstag, 12 Uhr, brauchen und dann Freitag um 17 Uhr daherkommen, dass jetzt doch noch »ein paar Kleinigkeiten« zu ändern wären. Und das bitte noch vor dem Wochenende!

Pufferzeiten sind umso wichtiger, je weniger Meilensteine Ihr vereinbart habt und je wichtiger eine fristgerechte Lieferung ist. Und auch hier gilt: Je länger Du mit anderen Menschen zusammenarbeitest und je besser Du deren zuverlässige Arbeitsweise kennst, desto eher könnt Ihr auf Puffer verzichten.

Das »Fast fertig«-Phänomen umschiffen: Kennst Du die häufigste Antwort auf die Frage: »Wie weit bist Du mit der Aufgabe?« Sie lautet in der Regel: »Fast fertig!« Die Wahrheit sieht allerdings meist anders aus. Obwohl wir glauben, der andere (oder auch wir selbst, bei eigenen Aufgaben) sei nur Meter vorm Ziel, unterschätzen wir sehr häufig den jetzt noch nötigen Zeitbedarf. Und weil das so ziemlich jedem Menschen schon mal passiert ist, gibt es für die »Fast fertig«-Antwort einen feststehenden Begriff: das 90 %-Syndrom.

Gefühlt haben wir bereits den Löwenanteil einer Aufgabe oder eines Projekts gestemmt, die restlichen zehn Prozent werden ein Kinderspiel. Glauben wir. Doch dann stellen wir fest, dass wir zwar im gleichen Tempo weiterarbeiten, aber das Ziel nicht wirklich näherkommt. Wir haben den Fortschritt eines Arbeitspakets oder Projekts viel zu hoch eingeschätzt und stehen jetzt vor einem noch verbleibenden Aufwand, der deutlich höher ausfällt als die scheinbar noch nötigen zehn Prozent. Und manchmal betrifft dies nicht nur den noch nötigen Zeit-, sondern auch den finanziellen Aufwand.

Warum ist das so? Sobald wir bei einer Aufgabe einen gewissen Stand erreicht haben, haben wir einen guten Überblick, sind »drin« im Thema und kennen üblicherweise den zu gehenden Lösungsweg. Das macht uns sehr selbstsicher und wir wiegen uns in der Überzeugung, die restlichen Schritte einfach nur mehr abarbeiten zu müssen. Probleme gab es bislang nicht – und deshalb kalkulieren wir sie auch gar nicht ein. Und dass der Teufel im Detail steckt – daran denken wir nicht mal. Außerdem klingt es doch viel engagierter, wenn wir »Fast fertig!« sagen anstatt: »Hmmm, ich schätze, die Hälfte hab ich ...«

Du kennst dieses Phänomen vielleicht auch aus dem Zeitmanagement unter dem Begriff »Pareto-Prinzip« oder »80-20-Prinzip«. Dahinter steckt die Beobachtung, dass wir mit einem Zeitaufwand von 20 Prozent bereits ein Ergebnis erreichen, das zu 80 Prozent »gut« ist.

Beispiel: Du hast in fünf Minuten eine Mail geschrieben, in der alles Wichtige drinsteht, und könntest die Mail verschicken? Du hast die Teeküche in 15 Minuten aufgeräumt und könntest nach Hause gehen? Pareto zufolge: Ja! Denn Du hast ein gutes Ergebnis erzielt, also los. Tja, aber jetzt kommt der Perfektionist in Dir durch, und Du tüftelst weitere 20 Minuten an Formulierungen in Deiner Mail, suchst nach Synonymen oder baust noch ein paar lustige Bildchen ein. Deine Mail wird marginal besser – aber 20 Minuten sind futsch. Oder Du bearbeitest weitere 60 Minuten die Kalkflecken und Schrankböden in der Teeküche. Optisch wird sie nur um 20 Prozent sauberer – aber eine komplette Stunde ist weg.

Erfahrungsgemäß machen die letzten 20 Prozent einer Aufgabe die meiste Arbeit – so wie 20 Prozent Eurer Kunden die meiste Zuwendung brauchen, aber häufig nur wenig zum Gewinn beisteuern. Das Pareto-Prinzip kommt in vielen Zusammenhängen zum Tragen – und eben auch, wenn wir unseren restlichen Zeitaufwand für Projekte nennen sollen.

Während wir uns mit einer gesunden Pareto-Einstellung und einem wohlklingenden und beherzten »Gut ist gut genug!« aus der Perfektionismus-Falle ziehen können, ist das bei vielen Aufgaben jedoch nicht der Fall. Weil es hier nicht um das letzte Sahnehäubchen geht, auf das man zur Not verzichten könnte, sondern um wesentliche Bestandteile der zu erfüllenden Aufgabe.

Weil wir diese komplett unterschätzt haben, stehen wir jetzt vor dem Problem, dass wir auf den letzten Metern ordentlich Gas geben und Nachtschichten einlegen müssen, um die Deadline zu halten. Oder wir riskieren einen Gesichtsverlust und Schlimmeres, wenn wir die Deadline sprengen. Zu euphorische »Fast fertig«-Rufe haben auch den Nachteil, dass uns weitere Projekte übertragen werden oder wir eigeninitiativ weitere Projekte anfangen. Wir wiegen uns in der falschen Sicherheit, bald fertig zu sein, und haben plötzlich viel zu viele Baustellen offen. Stress pur!

Mach Dir dieses »Fast fertig«-Phänomen immer wieder bewusst. Bei Dir selbst, und natürlich auch bei den Menschen, an die Du Aufgaben abgibst. Werd ab sofort hellhörig, wenn jemand »fast fertig!« vermeldet, und geh der Sache auf den Grund.

#90%

Lass Dir einen genauen Überblick über die Fortschritte geben und frag bei zu vagen Angaben nach. Geht beispielsweise die Unteraufgaben und nötigen Teilschritte einer Aufgabe durch und erstellt eine Liste mit den bereits erledigten Punkten auf der einen Seite und den noch offenen Punkten auf der anderen Seite. Habt Ihr eine Checkliste der Unterpunkte, dann genügt schon ein Blick auf diese Liste, um die Zahl der Häkchen in Relation zu den To-do-Punkten zu erkennen.

Noch klarer kannst Du den Fortschritt delegierter Aufgaben verfolgen, wenn Ihr Fortschrittsgrade definiert und dokumentiert. Das setzt allerdings voraus, dass Aufgaben-Etappen messbar sind (z. B. 30 von 100 Blog-Beiträgen Korrektur gelesen,

5 von 17 Musterkoffern gepackt) oder Ihr Messkriterien definiert habt. Beispielsweise die 10-Prozent-Marke, wenn eine Stellenausschreibung veröffentlich wurde, die 40-Prozent-Marke, wenn ausreichend Bewerbungen eingegangen sind und gesichtet wurden, die 60-Prozent-Marke, wenn alle Vorstellungsgespräche gelaufen sind, die 80-Pozent-Marke, wenn der neue Vertrag aufgesetzt und versendet wurde, die 90-Prozent-Marke, wenn der Bewerber unterschrieben hat und die 100-Prozent-Marke an dessen erstem Arbeitstag.

Arbeitet Ihr mit der Aufgabenfunktion in Outlook, so kann der Aufgaben-Übernehmer dort den Erledigungsgrad jeweils aktualisieren und Dir zugänglich machen. Geht es um größere Projekte, dann werden bei Euch sicherlich Projektmanagement-Tools mit entsprechenden Übersichten eingesetzt oder Euch stehen Board-Lösungen wie Trello, JIRA oder Asana zur Verfügung.

Verfolgt den Fortschritt von Aufgaben so genau wie nötig, nicht so genau wie möglich! Schnell kann nämlich das Dokumentieren und Visualisieren von Zwischenständen mehr Zeit rauben, als dass es Euch die Arbeit erleichtert. In vielen Fällen reichen regelmäßige Austauschrunden, in denen jeder seine in der letzten Woche erledigten sowie die für diese Woche anstehenden To-dos nennt, damit Ihr jederzeit einen realistischen Status habt.

Wozu?

»Wer den Hafen nicht kennt, in den er segeln will, für den ist kein Wind ein günstiger«, wusste schon der römische Philosoph Seneca. Wo soll Eure Reise hingehen? Welches Ziel strebt Ihr an? Was ist der Hintergrund dieser Aufgabe? Welchem höheren Zweck dient die Aufgabe? Welchen Sinn hat es, dies zu tun? Welche Folgen hat es, wenn die Aufgabe nicht, nicht rechtzeitig oder nicht vollständig ausgeführt wird? Was kann schlimmstenfalls passieren?

Kennst Du die Antworten auf diese Fragen nach dem Wozu? Falls nicht, dann such sie. Und gib sie auch an die Menschen weiter, die für Dich Aufgaben ausführen. Lass die anderen nicht nur Befehlsempfänger sein, die das große Ganze nicht zu interessieren hat. Wenn Du das Wozu erläuterst, hast Du einen dreifachen Benefit:

1. Benefit: Immer mehr Menschen möchten heute »sinnvoll« arbeiten. So zeigt eine aktuelle Umfrage des Beratungsunternehmens Korn Ferry, dass für 59 Prozent der Berufstätigen ihr persönlicher Treiber, morgens zur Arbeit zu gehen, die Überzeugung sei, dass ihr Job Sinn mache. Purpose-Driven-Leadership (»sinnorientiertes Führen«) wird wichtiger denn je. Idealerweise sprechen zu erledigende Aufgaben den inneren Antrieb der Mitarbeiter an, die diese aufgrund ihrer Werte, Motive, Präferenzen und Interessen haben. Das garantiert, dass sie eine hohe intrinsische Motivation haben und aus sich heraus Spitzenleistung erzielen werden. Für Dich als Vorgesetzter, Kollege oder Aufgaben-Abgeber im privaten Alltag bedeutet dies, dass Du nicht umständlich »motivieren« musst – Du musst lediglich die Sinnhaftigkeit erläutern, der Rest passiert von selbst.

2. Benefit: Ein Wozu hilft dem anderen, die Aufgabe in ihrer Bedeutung zu begreifen und damit die Wichtigkeit zu erkennen. Wer weiß, welche Ziele erreicht werden können, wenn er fristgerecht und gut liefert, der fühlt sich bedeutsam und gebraucht. Auch dies stärkt die Eigenmotivation und damit die Qualität der Arbeit.

3. Benefit: Hat Dein Gegenüber das Wozu verstanden, dann hat er vielleicht ganz andere Ideen, viel bessere Ideen, wie Ihr dieses Ziel erreichen könnt. Und das bedeutet: Je klarer allen das Wozu ist, desto effektiver und effizienter könnt Ihr unter Umständen vorgehen. Das geht allerdings nur, wenn Du kein exaktes Wie vorgibst, sondern den Weg zum Ziel offenlässt. Lass Kreativität zu, erlaub es, die bisherigen Wege infrage zu stellen, ermögliche »disruptive Innovationen«. Solange Ihr auf das gewünschte Ziel einzahlt, so lange ist alles gut.

Ziel formulieren

Nutz die Erkenntnisse aus den sieben W-Fragen, um das Ziel gut und verständlich auszuformulieren. Nutz dafür die traditionelle SMART-Methode (spezifisch, messbar, attraktiv, realistisch, terminiert) oder die seit vielen Jahren von zahlreichen Menschen verwendete **PIDEWaWa-Methode:**

- P – Positiv: Formulier positiv.
- I – Ist-Zustand: Formulier in der Gegenwart.
- D – Detailliert: Formulier konkret und messbar.
- E – Erreichbar: Such Dir realistische Ziele.
- Wa – Wann: Leg einen Zeitrahmen fest.
- Wa – Warum: Begründe, warum Du ein Ziel erreichen willst.

- **P – Positiv:** Formulier positiv. Häufig delegieren wir Aufgaben, die auf ein negatives Ziel gerichtet sind: »Sorg dafür, dass wir nicht so hohe Kopierkosten haben!«
  Dreht den negativen – zu verändernden – Zustand weiter und fragt Euch: »Was stattdessen?« Keine hohen Kopierkosten, also geringere Kopierkosten? Oder gar keine Kopier-

kosten mehr? Oder lediglich das Budget entlasten, indem wir eine externe Druckerei beauftragen? Dann geht es nicht mehr ins Budget »Kopierkosten/Büromaterial«, sondern ins Budget »Fremdarbeiten«. Bei positiven Aussagen ist die Richtung der nächsten Schritte klar, bei einer Negativformulierung hingegen nicht. »Was stattdessen?« bringt Euch auf die richtige Denk-Perspektive.

- **I – Ist-Zustand:** Formulier in der Gegenwart. Gegenbeispiel: »Wir müssten unbedingt was tun, damit unsere Mitarbeiter gesünder sind.« »Müsste«, »sollte« »könnte« und ähnliche Formulierungen haben überhaupt keine Verbindlichkeit. Kommen dann noch Ausdrücke wie »eigentlich« hinzu, hört der andere nur den hypothetischen Wunsch, aber keine klare Aufforderung, tätig zu werden. Besser: »Bitte überleg Dir, mit welchen Maßnahmen wir die Gesundheit unserer Mitarbeiter verbessern.«
- **D – Detailliert:** Formulier konkret und messbar. Zu vage Formulierungen bringen niemanden in die Gänge. »Nicht so hohe Kopierkosten haben« ist nicht nur negativ formuliert, sondern auch viel zu schwammig. Wann wird diese Aufgabe von Dir als »erledigt« betrachtet? Wenn Ihr 10 Euro im Jahr einspart? Besser: »Wir senken die Kosten für Kopien im nächsten Quartal um 30 Prozent, anschließend und dauerhaft um weitere 20 Prozent.«
- **E – Erreichbar:** Such Dir realistische Ziele – aber auch Ziele, die ein Stückchen nach »Spinnerei« klingen. Holt Euch selbst aus der Komfortzone der üblichen Denke raus. Ganz im Sinne von Hermann Hesse, der sagte: »Damit das Mögliche entsteht, muss immer wieder das Unmögliche versucht werden.« Apple-Gründer Steve Jobs hat beispiels-

weise seine Mannschaft immer wieder angetrieben, nach Lösungen für »unmögliche« Vorgaben von ihm zu suchen. Entstanden sind auf diese Weise bahnbrechende Innovationen wie die MP3-Player, das iPhone und das iPad sowie Toutchscreen statt Tasten.

- **Wa – Wann:** Leg einen Zeitrahmen fest. Bis wann wollt Ihr welches Ziel erreichen? Wann ist Deadline? Welche Zwischentermine machen Sinn? Wann solltet Ihr Update-Runden machen oder kontrollieren? Darüber haben wir uns im vorherigen Kapitel ausführlich unterhalten. Nimm die Überlegungen jetzt konkret in Deine Zieleformulierung für den Aufgaben-Übernehmer auf.
- **Wa – Warum:** Begründe, warum Du ein Ziel erreichen willst, wozu es dient. Warum ist es *überhaupt* wichtig und sinnvoll für Euch (das Team, das Unternehmen, die Familie), diese Aufgabe zu erledigen? Wie gesagt, erhöht eine Sinnhaftigkeit die intrinsische Motivation des Aufgaben-Übernehmers, und wer das Wozu verstanden hat, kann neue Wege entwickeln. Wozu willst Du die Kopierkosten senken? Wirklich aus Kostengründen? Oder aus Umweltgründen? Also geht es Dir nicht primär um die Kosten, sondern um Ressourcenschonung? Du merkst: Die Frage nach dem höheren Ziel kann die Aufgabenstellung mit einem Schlag in eine völlig andere Richtung drehen.

Sag an dieser Stelle auch gerne, warum Du gerade diese Person mit dieser Aufgabe betrauen willst. Warum soll gerade die Person es tun? Weil sie gerade Zeit hat? Weil sie dabei etwas Neues lernen und sich somit weiterentwickeln kann? Weil es ihren Präferenzen entspricht? Weil Du ihr einen Gefallen tun willst? Weil Du gerne mit ihr arbeitest?

Exkurs: OKR

Konsequent das »Warum und Wozu« in den Mittelpunkt stellt die agile Steuerungsmethode OKR. Das Kürzel steht für »Objectives and Key Results« (Ziele und Kernergebnisse/Kennzahlen). Statt sich in mühseligen Jahresziele-Workshops und Budgetplanungen zu verlieren, die dann doch nicht erreicht oder eingehalten werden, setzt OKR auf kurzzeitige und situativ anpassbare Vereinbarungen, die ambitionierte Strategien möglich machen sollen. Dabei gibt die Unternehmensleitung übergreifende Leitbilder vor – das Wozu –, die transparent für alle im Unternehmen die Richtung zeigen, in die es gehen soll. Einzelne Teams brechen diese dann quartalsweise für sich herunter und definieren ihre eigenen Ziele.

Die Kernidee der Methode: Das Unternehmen sowie Abteilungen, Teams und die einzelnen Mitarbeiter definieren für jedes Quartal fünf Ziele – mit jeweils nicht mehr als vier Kernergebnissen / konkreten Kennzahlen, die zeigen, wie gut man in den 90 Tagen auf diesem Weg vorangekommen ist.

Bereits in den 1970er-Jahren hat Intel mit der OKR-Methode erfolgreich das Unternehmensruder herumreißen können, und als ein Investor sie 1999 zu Google brachte, startete das Führen mit »Objectives and Key Results« einen globalen Siegeszug. Neben vielen Unternehmen im Silicon Valley setzen heute auch zahlreiche deutsche Unternehmen wie Mymuesli, Trivago oder Zalando OKRs ein.

Und so geht es:
- **1. Unternehmensvision oder Leitbild definieren:** Hat Euer Unternehmen ein Leitbild, ein Mission Statement? Wo-

rum geht es bei Euch wirklich? Welches relevante Problem wollt Ihr lösen? Wofür steht Ihr? Die Formulierung eines Leitbildes ist meist Sache des obersten Führungskreises oder der Gründer. Beispiel: »Wir fördern die Selbstwahrnehmung und Handlungskraft der Menschen und helfen ihnen, effektiv und glücklich zu leben und zu arbeiten. Wir arbeiten jederzeit ressourcenschonend und schützen Natur, Menschen und Klima.«

- **2. Objectives (Ziele) bestimmen:** Jetzt sind die Mitarbeiter gefragt. Jeder überlegt sich – der Mitarbeiter, nicht die Chefs! –, was er in seinem Wirkungsbereich am besten zu den übergeordneten Zielen des Unternehmens beitragen kann, und bespricht dies mit dem Team und Vorgesetzten. Was will ich in den kommenden 90 Tagen erreichen? Welche Ergebnisse sollen meine Aktivitäten erzielen? Beispiel: In 90 Tagen haben wir die Kopierkosten gesenkt, indem wir den Einsatz von Papier reduzieren.
- **3. Key Results (Kernergebnisse) benennen:** Die Kernergebnisse beschreiben, mit welchen Maßnahmen in welcher Intensität, also wie die einzelnen Ziele jeweils erreicht werden sollen. Dabei dürfen die Zahlen ruhig groß sein, denn bei OKR geht es nicht um penible Zahlenerreichung, sondern um Verbesserungen. Wenn man also »nur« 70 Prozent des groß gedachten Kernergebnisses erreicht – in der traditionellen Denke also gescheitert ist –, hat man immer noch sehr, sehr gute Resultate erzielt. Nach dem Motto »70 ist das neue 100« gilt es als Erfolg, wenn ein Ziel zu 70 Prozent erreicht wurde. Es ist also immer Luft nach oben, was für Ansporn sorgt und Raum für aufkommende Möglichkeiten schafft. Beispiel: »Unsere

Tagungsunterlagen verteilen wir ab dem 1. April nur mehr elektronisch und senken den Papierverbrauch damit um 95 Prozent.«

OKRs sind für alle Mitarbeiter jederzeit einsehbar, weil sie zentral visualisiert werden. So weiß jeder, woran die Kollegen jeweils arbeiten. OKRs gelten als »agil«, weil sie anders als beispielsweise das »Führen mit Zielvereinbarungen«, das sich über ein Jahr erstreckt, immer nur auf drei Monate ausgelegt sind. Dies sichert, dass Teams oder Mitarbeiter nicht zu lange sinnlos in die falsche Richtung arbeiten. Zudem sind klassische Zielvereinbarungen in der Regel nicht auf Wirkung ausgelegt, sondern auf das Tun von Aufgaben (»Du musst Aufgabe A machen oder Projekt X planen!«).

OKRs unterstützen Euch dabei, auch sehr ambitionierte Ziele zu erreichen und sich strategisch zu entwickeln. Sie sind also keine Methode, um das Tagesgeschäft oder »Business as usual« zu steuern, und ersetzen auch nicht komplett die individuellen Leistungsvereinbarungen (MBOs). OKRs sollen lediglich alle Menschen innerhalb einer Organisation befähigen, gemeinsam strategisch wichtige Ziele zu erreichen. Da die Ziele in Eigenverantwortung der Teams bzw. der Mitarbeiter formuliert werden, werden die Ergebnisse nicht »von oben« kontrolliert.

OKRs sind nicht gehaltsrelevant oder betroffen von Incentive-Maßnahmen (Boni, Reisen etc.), da sie nicht die extrinsische, sondern die intrinsische Motivation jedes Einzelnen ansprechen. OKRs bringen Bedeutsamkeit in die Arbeit, die Mitarbeiter erleben Sinn und Selbstwirksamkeit und die einzelnen Schritte werden als wertvolle Lernerfolge gesehen.

Die permanente Frage nach dem »Warum und Wozu« zieht sich also von der generellen Ausrichtung eines Unternehmens (dem Unternehmensleitbild) bis in das persönliche »Warum und Wozu« des Einzelnen. Und weil es ständig präsent ist, hilft es dem Unternehmen und dem Mitarbeiter, fokussiert etwas Sinnvolles zu tun.

Geheimtipps für die gelungene Kommunikation

Bereite Dich mit den sieben W-Fragen gut auf Briefinggespräche vor und hol Dir jetzt noch ein paar Tipps, wie Du Deinen Wunsch so geschickt formulierst, dass der andere gut versteht, was Du meinst – und entsprechend gut tätig werden kann.

Aktiv zum Handeln auffordern

Hast Du Dich schon mal gewundert oder geärgert, dass andere Menschen nicht das gemacht haben, was Du ihnen gesagt hast? Manchmal passiert dies, weil beim anderen eine völlig andere Botschaft angekommen ist als die, die Du abgesendet hast. Das Nicht-Tun oder Falsch-Tun hat also nichts mit Faulheit oder bösem Willen zu tun, sondern damit, dass wir auf verschiedenen Kommunikationsebenen miteinander sprechen, und dies kann zu Missverständnissen führen.

Miteinander sprechen bedeutet: etwas sagen und zuhören. Wenn Du eine Aussage *hörst*, dann kannst Du sie auf vier unterschiedliche Weisen interpretieren. Wenn Du *selbst* etwas *sagst*, dann kannst Du es auf vier Weisen ausdrücken.

Kennst Du das Vier-Ohren-Modell? Gemäß diesem Kommunikationspsychologie-Modell von Friedemann Schulz von Thun kann eine Botschaft auf vier Ebenen platziert sein. Diese

Ebenen bezeichnen wir auch als »vier Seiten einer Nachricht«. Diese sind:
- Sachinhalt
- Selbstoffenbarung
- Beziehung
- Appell

Sachinhalts-Ebene: Auf der ersten, rein sachlichen Ebene hören wir mit dem Sach-Ohr die Aussage des Satzes. Dies ist die neutrale Botschaft, wenn man den Satz wortwörtlich nimmt. (»Der Druckertoner ist leer.«) Und viele Menschen reagieren auch nur auf diese Aussage (»Ja, stimmt.«). Das heißt, sie verstehen die möglicherweise hinter der Aussage versteckte Bitte nicht. Oder wollen sie bewusst nicht verstehen, weil das ihre Form des Neinsagens ist.

In der Regel hören die meisten Menschen jedoch tatsächlich mehr als nur diese sachliche Information. Weil wir als soziale Wesen gelernt haben, dass in jeder Aussage auch immer Untertöne mitschwingen. Oder weil wir wissen, dass der Sprecher immer zwischen den Zeilen redet. Oder weil wir *glauben*, die eigentliche Botschaft liege hinter den Worten. Oftmals interpretiert der Zuhörer damit jedoch zu Unrecht etwas in das Gesagte hinein. Denn in der Regel beeinflussen seine bisherigen Erfahrungen mit Dir, mit anderen Personen oder ähnlichen Situationen sowie seine momentane Stimmung, welcher Inhalt bei ihm tatsächlich ankommt.

Eine Aussage von Dir trifft also immer auf einen in irgendeiner Form »vorbereiteten Boden«. Und ob dann Deine Botschaft in Deinem Sinne fruchtet, hängt nicht (nur) davon ab, was Du gesagt hast, sondern auch davon, auf welchen Boden dieser Samen fällt. Ist der Boden trocken und dürr, wird der Samen nicht aufgehen – der andere wird die ihm übertragene Aufgabe nicht erledigen. Fällt der Samen auf fruchtbaren Boden, dann wird die Zusammenarbeit super funktionieren.

»Die Botschaft ist nicht das, was du sagst, sondern das, was beim anderen ankommt!«, so das grundlegende Credo der Kommunikation. Und das bedeutet, dass die drei weiteren Ebenen der Kommunikation wichtig werden, damit das Miteinander klappt.

Selbstoffenbarungs-Ebene: Auf der Selbstoffenbarungs-Ebene versucht der Hörer zu interpretieren, was der Sprecher über sich selbst aussagen will. Wir versuchen herauszuhören, ob der Sprecher gute oder schlechte Laune hat, ob er eine Aufgabe widerwillig übernimmt oder begeistert davon ist, ob er gestresst oder gelangweilt ist und vieles mehr. Möchten wir mit unserer Aussage auf dieser Ebene kommunizieren, dann machen wir das häufig über Tonfall, Gestik und Mimik. Du kennst das sicherlich, wenn Du jemanden fragst, wie es ihm geht, und der andere antwortet: »Gut!« Je nach Tonfall kann es »Echt super gerade!« bis hin zu »Mir geht es richtig schlecht!« bedeuten.

Menschen, die wenig Empathie haben, hören dann nur die Sach-Aussage »Gut!«. Einfühlsame Menschen (die Hanni Herzlichs unter uns) und Menschen mit einem ausgeprägten »Sei nett!«-Antreiber (vgl. Kapitel »Innere Haltung«) hören die tatsächliche Befindlichkeit deutlich heraus und werden nachfragen oder sogar Hilfe anbieten.

Beziehungs-Ebene: Mit dem Beziehungs-Ohr hören wir heraus, ob der Sprecher uns mag, ob wir ihn gestört haben oder ob er sich z.B. über unseren Anruf freut – auch wenn er von etwas ganz anderem spricht. Auch hier kommen die Informationen, die uns bewerten helfen, aus Gestik, Mimik und Tonfall. Der andere muss gar nicht wortwörtlich sagen: »Schön Dich zu sehen!«, allein die Betonung des »Hallo!« liefert einen Bewertungskontext.

Appell-Ebene: Mit dem Appell-Ohr hören wir, welche Aufforderung, welchen Appell der Sprecher an uns richtet. Menschen, die ein ausgeprägtes Appell-Ohr haben, würden auf Deine Aussage »Der Druckertoner ist leer!« sofort sausen, um den Toner zu wechseln. Manche Menschen hören jedoch auch zu stark auf dem Appell-Ohr. Das bedeutet, sie hören Aufforderungen, die überhaupt nicht so gemeint waren. Da sagst Du sinnierend vor Dich hin: »Boah, unsere Kopierkosten sind ja echt hoch, das müsste man sich mal genauer anschauen ...« In den kommenden Tagen wunderst Du Dich, warum ein Kollege so viele Überstunden macht, bis er Dir zwei Wochen später ein Maßnahmenpapier vorlegt mit fünf Vorschlägen, wie die Kopierkosten gesenkt werden können. Leider sind darüber seine anderen Aufgaben ein wenig ins Hintertreffen geraten, und auf Nachfrage, warum um Himmels willen er das Maßnahmenpapier erstellt hat, sagt er: »Du hast mich doch darum gebeten!«

Wenn Du also willst, dass »Tu Du!« gut klappt, dann kommunizier bitte unbedingt auf der Appell-Ebene. Schau den anderen an, und formulier eine klare, unmissverständliche Aufforderung, was der andere bis wann bitte erledigen soll.

Beobachte dich dazu in den kommenden Tagen, denn viele Menschen glauben, dass sie ganz klar und unmissverständlich Aufgaben abgeben – aber sie tun es nicht. Weil sie zu ihrem Partner *sagen*: »Die kommenden vier Tage habe ich total viel um die Ohren!« und *meinen*: »Bitte kümmer Du Dich in der Zeit um das Abendessen!« Weil sie *sagen*: »Der Druckertoner ist leer!«, aber *meinen*: »Bitte wechsle ihn aus!« Weil sie *sagen*: »Ich bin mit dem Projekt fast fertig!«, aber *meinen*: »Das wächst mir echt über den Kopf, bitte hilf mir!«

Interessanterweise liegt genau in diesem Phänomen ein häufiger Grund, warum Delegieren so häufig nicht klappt. Gerade eher unsichere Führungskräfte und Kollegen, die nicht »bestimmerisch« wirken wollen, formulieren häufig sehr weichgespült und hoffen, ihr Wunsch werde erfüllt. Haben sie empathische Gegenüber, die nett sein wollen, dann klappt diese Art der Kommunikation auch richtig gut. Aber wehe, wenn sie mit einem weniger empathischen Menschen zu tun haben oder mit jemandem, der dieses »Durch-die-Blume-Sprechen« dicke hat, weil ihn das beispielsweise schon bei seiner Mutter so genervt hat, dass die nie sagen konnte, was sie wirklich will; dann wird ihr Wunsch oder ihre Delegation nicht gehört werden. Im ersten Fall, weil sie wirkungslos verschallt. Im zweiten Fall, weil der andere die Aufforderung zwar hört, aber dann lieber trotzig

»überhört«. Nach dem Motto: »Wenn Du was willst von mir, dann sag es auch!«

Beherzige das Vier-Ohren-Modell künftig, wenn Du um etwas bittest. Formulier Deine Aufforderungen und auch Deine Erwartungshaltung so klar wie möglich, damit es wirklich als Appell ankommt.

Fragen statt reden

Mach Dir klar, dass gerade beim Thema »Lass Mal Andere Arbeiten« ganz viele Torpedos unter der Wasseroberfläche lauern, also unterbewusst ablaufen. Solche Torpedos sind Vorbehalte, Missstimmungen, Ängste, Wünsche, Ziele oder Stimmungen des anderen, die verhindern, dass Aufgaben-Abgeben klappt. Ist der andere beispielsweise angefressen, weil Du befördert worden bist und nicht er und er jetzt Dir zuarbeiten soll, hast Du einen massiven Störfaktor in der Zusammenarbeit, der das Projekt kippen lassen kann. Oder hat der andere gerade große familiäre Probleme, dann wird er neue Aufgaben vielleicht nicht so gut und verlässlich bearbeiten, wie Du es von ihm kennst.

Musst Du deshalb ständig alle Eventualitäten bedenken und ansprechen? Nein! Du musst lediglich wissen, dass all diese Einflüsse eine Auswirkung auf den »Boden« haben können. Und dann reicht es, einfach nur gut zuzuhören. Du musst nicht wissen, was den anderen womöglich daran hindert, die Aufgabe gut zu erledigen. Du musst auch keine tausend Lösungsvorschläge machen, wie der andere es machen könnte. Du darfst einfach aufhören, immer nur zu reden, und darfst anfangen, die (richtigen) Fragen zu stellen und zuzuhören.

»Solange man selbst redet, erfährt man nichts«, hat die Schriftstellerin Marie von Ebner-Eschenbach treffend erkannt.

Im Coaching-Prozess gilt die Grundannahme: »Die Lösung liegt im Klienten!«, und Aufgabe des Coaches ist es, diese Lösung mit geeigneten Methoden an die Oberfläche zu befördern. Warum macht das Sinn? Weil der Coach nicht wissen kann, was für Dich der beste Weg ist! Woher auch? Alle Lösungen, die er anbietet, fußen auf seinen eigenen Einstellungen, Wünschen, Ängsten, Erfahrungen. Es sind Lösungen, die bei ihm gut funktionieren würden, aber nicht bei Dir! Deshalb Finger weg von selbsternannten, schlecht oder gar nicht ausgebildeten Coaches, die Dir sagen, wie Du Dein Problem ganz einfach lösen kannst. Geht es Dir um konkrete Lösungen zu einer Fragestellung – um ein Wie –, dann sprechen wir nicht von Coaching, sondern von Beratung: Der Experte gibt sein Wissen und seine Erfahrung weiter, damit Du es eins zu eins umsetzen kannst. Beratung ist »direkte Hilfestellung geben«. Coaching ist »den anderen befähigen, sich selbst zu helfen«.

Vor Kurzem berichtete eine Teilnehmerin in meiner vierteiligen Führungskräfte-Trainingsreihe bei einem deutschen Konzern frustriert, sie habe einem Mitarbeiter schon »hunderttausend Mal gesagt, wie er eine bestimmte Aufgabe zu erledigen hat, aber immer wieder macht er es falsch!«. Sofort fingen die anderen Teilnehmer an, ihr Tipps zu geben. »Du musst ihm eine Checkliste geben!«, »Du musst ihn besser schulen!«, »Du musst ihm kündigen!«

Als ich bei ihr nachhakte, ob sie schon mal gefragt habe, welche Ideen *er* habe, damit es besser klappt, sahen mich alle völlig baff an. Und wir begannen eine Diskussion darüber, was ein Vorgesetzter leisten muss. Viele waren davon überzeugt, eine Führungskraft müsse Lösungen und Wege bieten. Nein, das muss sie nicht. Schon gar nicht mehr in unserer neuen

Arbeitswelt, in der Sinnhaftigkeit und Selbstwirksamkeit den Mitarbeitern immer wichtiger wird. Du erinnerst Dich: Die meisten Berufstätigen wollen keine Befehlsempfänger sein, sondern proaktiv die Arbeit mitgestalten.

Und deshalb ist eine »Führungskraft als Coach« der beste Weg, um Spitzenleistungen zu erzielen. Du gibst nicht mehr die Lösungen für Probleme vor, sondern Du stellst die richtigen Fragen, damit der andere die Lösung finden kann.

Gute Fragen sind übrigens immer offen formuliert und regen zum Nachdenken an. Fragen wie:
- Was brauchst Du noch, um diese Aufgabe gut erledigen zu können?
- Welche Hindernisse könnten auftauchen, wenn Du diese Aufgabe machst?
- Wie könnten wir das lösen?

Aktiv Zuhören

Und dann liegt Deine Hauptaufgabe darin, gut zuzuhören. Schieb Bilder, die Du im Kopf hast, beiseite, und versuch genau herauszuhören, was der andere meint. Bring Dich dazu in eine förderliche Grundlage, indem Du offen und empathisch bist und Dich grundsätzlich positiv dem anderen zuwendest. Ja, ich weiß, wenn Du bereits negative Erfahrungen mit dem anderen gemacht hast, ist das schwer, aber wenn Du schon von Anfang an Dein »Der andere ist einfach unfähig«-Ohr angeknipst hast, dann kannst Du nicht neutral zuhören.

Achte dabei auch auf nonverbale Aussagen des anderen, wie Stirnrunzeln oder fragende Augen, und greif solche Signale mit offenen (!) Rückfragen auf. »Was geht Ihnen gerade durch den

Kopf?« Versuch Dich von Vorurteilen zu befreien und tritt dem anderen so gegenüber, wie Du selbst auch behandelt werden willst. Und das bedeutet: Nicht unterbrechen! Offener Blickkontakt! Keine Ablenkungen (Blick aufs Handy)! Angemessene Wortwahl (vor allem keine abwertenden Formulierungen).

Einwände richtig behandeln: Rechne damit, dass der andere Einwände gegen die Aufgabe hat oder mangelnde Zeit ins Feld führt. Signalisier Verständnis dafür, das nimmt meist Druck und Unwillen aus der Situation, weil sich der andere ernst genommen fühlt. Frag dann, was der andere vorschlägt, um die Hindernisse zu beseitigen. Schlag niemals selbst Lösungen vor, sondern bind den anderen aktiv ein (siehe oben).

Paraphrasieren: Lass den anderen sprechen, hör zu und nutz abschließend Techniken wie das Paraphrasieren, um zu klären, dass Ihr beide wirklich das Gleiche meint. Sag also:
- Für mich klingt das, als wären Sie ...
- Verstehe ich Sie richtig, dass ...
- Wenn ich das richtig erfasst habe, dann ...
- Ich stelle mir gerade die Frage, ob ...
- Sehe ich das richtig, dass ...
- Aus Ihrer Perspektive scheint ...

Wichtig bei diesen Sätzen ist natürlich auch wieder Dein Tonfall. Bemüh Dich um einen sachlich-neutralen, wertschätzenden Tonfall, Gestik und Mimik und hör dann wieder zu, was der andere antwortet.

Lass den anderen gerne abschließend zusammenfassen, was er aus dem Briefinggespräch mitnimmt. Das sichert Euch beiden, dass Ihr das gleiche Bild davon im Kopf habt, was getan werden muss und wann die Aufgabe als erledigt zu betrachten ist. Gehst Du auf die beschriebene Art vor, dann ist es komplett unwahrscheinlich, dass der andere Dinge tut, die Du nicht willst, oder dass er Sachen vergisst, die Dir wichtig sind.

Faustregel der Denkstile beachten

Leg in Deinen Briefinggesprächen oder Bitten um Erledigung auch grundsätzlich den Schalter auf »Erfolg«, indem Du die Sprache des anderen sprichst. Besonders in Teamworkshops ist es in Übungen und Simulationen immer wieder wunderbar zu erleben, dass die Teilnehmer je nach ihren Präferenzen (Denkstilen) völlig andere Bedürfnisse haben, wenn sie Aufgaben abgeben oder wenn sie Aufgaben übernehmen. Alleine bei diesen »Trockenübungen« im Seminarraum haben so viele ein Aha-Erlebnis und verstehen plötzlich, warum Delegieren bislang nicht geklappt hat. Sie erkennen auf einen Schlag die im Kern total simplen Gründe, warum Kollegen oder Familienmitglieder die ihnen übertragenen Tätigkeiten nicht oder falsch ausgeführt haben. Der Grund: Der andere konnte mit den gelieferten Briefinginformationen einfach nichts anfangen.

Wenn wir die sechs Präferenzen (Denkstile) stark vereinfachen und in zwei Welten aufteilen – die der Kreativen Chaoten und die der Systematischen Macher –, dann können wir – stark vereinfacht – sagen:

Wenn der Systematische Macher Aufgaben *annimmt*, dann
- will er die für die Aufgabe nötigen Parameter ganz konkret (messbar) genannt bekommen: Zahlen, Daten, Fakten, Rahmendaten, Budget…

- will er genau wissen, welches Endziel er erreichen soll (in Euro, Einheiten…).
- will er exakte (!) Angaben, bis wann geliefert werden soll.
- möchte er bei neuen Aufgaben Angaben zu den einzelnen Schritten haben und wissen, welche Teilziele er bis wann erreichen soll.

Wenn der Kreative Chaot Aufgaben *annimmt*, dann
- will er eine grobe Marschrichtung genannt bekommen und ansonsten Spielraum und Freiheit sowohl in der Umsetzung als auch im Endziel (er will keine Detailvorgaben).
- will er den Weg bestimmen, wie das Ziel erreicht wird, und dabei Raum für Kreativität und eigene Ideen haben.
- will er nach Erledigung nicht erklärt bekommen, wie es besser gewesen wäre.
- ist ihm zudem wichtig, dass er sich mit den Aufgaben wohlfühlt, die er bekommt, und dass die Türen des Abgebenden offen sind für Rückfragen.

Du siehst, die Bedürfnisse, welche Informationen in welcher Detailtiefe für eine gute Erledigung nötig sind, variieren sehr stark. Arbeiten jetzt zwei Menschen miteinander, die in der gleichen Präferenzwelt zu Hause sind, stehen die Chancen gut, dass der eine so brieft, wie es der andere braucht. Kommen sie allerdings aus der jeweils anderen Welt, dann reden sie entweder aneinander vorbei – oder nerven sich gegenseitig. Denn je nachdem, in welcher Welt der Aufgaben-Abgeber zu Hause ist, wird er anders briefen.

Wenn der Systematische Macher Aufgaben *abgibt*, dann
- liefert er maximal viele und exakte Parameter, wie alles gemacht wird.
- gibt er die Einzelschritte bis zum Ziel vor.
- will er exakt das vorgegebene Ziel in der vorgegebenen Art erfüllt bekommen.
- brieft er kurz und sachlich.
- behält er die Kontrolle.
- bessert er Details nach.

Wenn der Kreative Chaot Aufgaben *abgibt*, dann
- liefert er eine vage Vorstellung davon, was zu tun ist, und geht davon aus, dass der andere sich die nötigen Infos selbst besorgt.
- baut er auf die Eigeninitiative und das Mitdenken des anderen.
- soll das Ergebnis natürlich perfekt sein, aber er liefert keine weiteren Angaben, was das bedeutet. Endzielangaben sind relativ und können sich ändern, wenn der andere ein Ergebnis liefert, das auch toll ist.

- will er das Ergebnis so schnell wie möglich haben, aber er nennt keine exakte Deadline, weil er darauf vertraut, dass der andere sie kennt und sowieso sofort anfängt.
- sind ihm Einzelschritte oder Teilziele nicht wichtig und er möchte dazu auch keine Rückfragen bekommen.
- wünscht er sich eine Umsetzung, ohne dass der andere nach Details rückfragt.

Sich in die Welt des anderen begeben: Damit Delegieren gut klappt, ist es hilfreich, wenn Du weißt, in welcher Präferenzwelt Du zu Hause bist – und was damit vermutlich Deine »Sprache« und Art ist, Aufgaben abzugeben. Allein das Wissen darum reduziert blinde Flecke in der Zusammenarbeit und erhöht die Wahrscheinlichkeit, dass Delegieren künftig besser funktioniert.

Idealerweise weißt Du auch, in welcher Welt der andere zu Hause ist (weil auch der Kollege oder das Familienmitglied den Präferenzcheck gemacht hat) oder Du kannst ihn mit Deinem Wissen aus diesem Buch besser verorten. Jetzt kannst Du die Art zu briefen und den Grad an Informationen so anpassen, dass der andere maximal gut damit arbeiten kann.

Und das bedeutet: Wenn Du als Kreativer Chaot einem Kreativen Chaoten eine Aufgabe übergibst, dann reichen in der Regel tatsächlich wenige Angaben und Ihr werdet ein perfektes Ergebnis nach Deinem Geschmack bekommen. Auch wenn Du nicht weißt, was Du genau willst – es wird großartig werden.

Wenn Du an einen Systematischen Macher delegierst, dann denk daran, dass dieser keine Gedanken lesen kann und dass er sich genaue und konkrete Angaben wünscht, was er tun soll. Ja, das bedeutet für Dich mehr Vorbereitungsaufwand, Einarbeiten ins Thema und Definieren der Parameter. Ein Aufwand, der viele Kreative Chaoten abschreckt, weil sie sagen: »Wenn ich es so genau wüsste, dann könnte ich es ja gleich selbst machen!« Tja, in diesem Fall prüf, ob dies tatsächlich zutrifft – und erledige es selbst. Ansonsten mach Dir klar, dass Du vielleicht gerade dem »Fast fertig«-Phänomen auf den Leim gehst und dass ein solides Briefing immer noch weit weniger Aufwand kostet als die detaillierte Umsetzung.

Denk auch daran, dass Deine Vorgaben bindend für einen Systematischen Macher sind und er möglicherweise nicht mehr links und rechts schaut und damit (eigentlich viel bessere) Ergebnisse übersieht.

Beispiel: Cornelia und Julius wollten sich ein Haus kaufen. Gemeinsam legen sie die Kriterien fest: im Stadtbereich, bis 500 000 Euro, Garten. Cornelia als die »geborene Organisatorin« übernahm die Vorauswahl, sondierte die Angebote und sortierte unpassende aus. Darunter auch ihr persönliches »Traumhaus«. K.-o.-Kriterium: Es kostete 550 000 Euro. Als sie nachträglich Julius von ihrem Traumhaus erzählt, sagt er: »Aber die 500 000 waren doch nur ein ungefährer Richtwert. Wenn das Haus wirklich so toll war, dann hätten wir die weiteren 50 000 Euro schon noch aufgebracht. Oder was untervermietet. Oder …«

Wenn Du als Systematischer Macher einem anderen Systematischen Macher Aufgaben übergibst, dann wird der andere mit Deinen klaren und exakten Angaben sehr gut arbeiten können.

Übergibst Du jedoch derart detailliert ausgearbeitete Vorgaben an einen Kreativen Chaoten, dann wird der sich von der Enge der Parameter womöglich gegängelt fühlen und schon gar keine Lust mehr haben, sich dem Thema zu widmen. Er denkt:

»Wenn Du es so genau weißt, dann mach es doch selbst!« Ihm fehlt die Freiheit, Wege oder noch bessere Ziele entdecken zu können, und ist alleine durch die Briefingformulierungen schon demotiviert.

Fragen und Zuhören: Logisch, dass bei all diesen Überlegungen auch mitspielt, wie erfahren oder fachversiert der Aufgaben-Übernehmer ist. Und dann würde Dich auch ein Systematischer Macher dumm anschauen, wenn Du Aufgaben, bei denen er Experte ist, penibel briefst. Dann würde ihm das nötige Vertrauen in seine Kompetenzen fehlen – und ihr habt ein Problem.

Versuch die unterschiedlichen Briefingbedürfnisse[26] auf dem Radar zu haben, und ansonsten frag den anderen: »Was brauchst Du, um diese Aufgabe gut erledigen zu können?« Hör jetzt offen und empathisch zu und liefer das noch Gebrauchte, oder sei einfach ruhig, wenn der andere alles hat, was er braucht. Brief so konkret wie nötig – nicht so konkret wie möglich.

Wer schreibt, der bleibt

»Was nicht auf dem Papier steht, wurde nie gesagt.« Sagt eine alte Management-Weisheit. Halt deshalb bei wichtigen Aufgaben immer schriftlich fest, was Ihr mündlich vereinbart habt. Fass es selbst zusammen, oder – noch besser – lass es den anderen notieren.

Zum einen ist das für den Aufgaben-Übernehmer eine gute Grundlage, um sich bei umfangreichen Aufgaben oder langen Zeiträumen in der laufenden Arbeit immer wieder auf das Gewünschte zu fokussieren. Und Dir hilft es, wenn der andere liefert, zu beurteilen, ob alles wirklich so ist wie besprochen.

Zum anderen fällt spätestens jetzt auf, dass Ihr doch aneinander vorbeigeredet habt, und Ihr könnt jetzt noch die Aufgabenstellung oder das Ziel nachjustieren.

Bonus-Effekt: Schriftliches erhöht nachweislich die Verbindlichkeit. Während Worte oft Schall und Rauch sind, nehmen die meisten Menschen Schriftliches sehr viel ernster – und erfüllen es deshalb auch.

Delegiertes im Blick behalten

Wenn Du viele Aufgaben abgibst, an viele Menschen, dann kann es Dein Gehirn super entlasten, wenn Du Dir eine Art »Tu Du!«-Übersicht schreibst. Also festhältst, an wen Du welche Aufgaben gegeben hast. Manchmal stehen in den Unternehmen bereits entsprechende Tools (analoge oder digitale) zur Verfügung oder sind Bestandteil der Projektmanagement-Software. Ansonsten gut geeignet sind:

- Excel-Tabellen
- Word-Dokumente
- »Delegationslisten« als passende Vordrucke, die Du digital oder handschriftlich führst (ein Beispiel findest Du im Downloadbereich zum Buch)
- digitale Mindmaps (z. B. MindManager)
- Kalendereinträge (zur Deadline oder zu den vereinbarten Zwischen-Feedback-Tagen)
- als »zur Nachverfolgung« gekennzeichnete Aufgaben in Outlook
- geflaggte und/oder kategorisierte Mails in Deinem Posteingang mit Fälligkeit
- Einträge in einem »One Note«-Buch
- Trello-Boards (alternativ JIRA, Ansana etc.)

- Notizbücher und Kladden
- handschriftliche Mindmaps
- Klebezettel (u. U. sortiert auf einem Whiteboard)
- Hängeregister-Systeme mit einer für Dich passenden Logik (z. B. je Mitarbeiter eine Mappe, einsortiert nach nächster Fälligkeit der Aufgaben oder Meilenstein-Gespräche)
- Wiedervorlage-Mappen mit einer für Dich passenden Logik

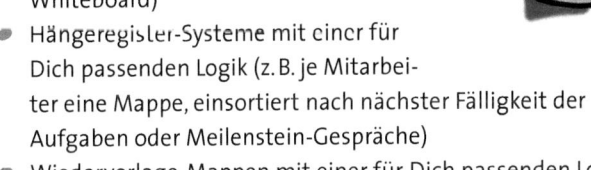

Wichtig ist, dass Du auf eine Art notierst, die Deiner Art zu arbeiten entspricht (haptisch oder digital), die Deinen Einsatzorten Rechnung trägt (viel unterwegs oder nur an einem Arbeitsplatz) und die Du konsequent updatest. Ist es sinnvoll, dass alle im Team über alle verteilten Aufgaben Bescheid wissen, dann nutzt Whiteboards, die für alle zugänglich sind, oder entsprechend digitale Apps (Trello, JIRA ...).

»Ich gebe bereits Aufgaben ab und vergesse dann völlig, die Erledigung im Blick zu behalten. Liefert der andere zuverlässig, ist alles fein. Ist der andere jedoch unzuverlässig, so fällt mir das oftmals zunächst gar nicht auf und ich versäume es, rechtzeitig nachzufassen, dass es wirklich gemacht wird.« Hattest Du diese Aussage im Selbstcheck angekreuzt? Dann hast Du jetzt hoffentlich ein paar Ideen, wie Du das künftig besser managen kannst.

Mach Dir ansonsten klar: Delegierte Aufgaben notieren, um sie im Blick zu behalten, ist besonders für Kreative Chaoten eine echte Challenge, weil sie meist keine Lust haben, andere Menschen zu »kontrollieren«, geschweige denn, die Dokumentationen immer zu aktualisieren. Ja, mag sein, dass Du das gar nicht machen musst. Dann nämlich, wenn Du Dich zu 100 Prozent auf Deine Unterstützer verlassen kannst und darauf, dass sie pünktlich das Ergebnis liefern, das vereinbart war. Wenn dies der Fall ist, dann hast Du alles richtig gemacht: die richtigen Leute mit den richtigen Aufgaben betraut. Glückwunsch!

In allen anderen Fällen kommst Du leider um ein Minimum an Mitschreiben nicht herum, wenn Du gelassen auf ein erfolgreiches »Tu Du!« vertrauen willst.

Prinzip #4: Feedback geben

Du hast im Auftakt-Check angekreuzt »Ich gebe bereits Aufgaben ab, aber ich finde es lästig, die Ergebnisse dann daraufhin prüfen zu müssen, ob mir das so gefällt oder ob ich nachkorrigieren lassen muss.«? Es ist ein weitverbreiteter Irrtum, dass wir Aufgaben innerlich abhaken können, nur weil wir sie abgegeben haben. Ja, selbst wenn Du zu Recht darauf vertrauen kannst, dass der andere alles richtig und pünktlich erledigt, schadet es nicht, dem Ergebnis Aufmerksamkeit zu zollen und dem anderen Feedback zu geben.

Delegieren bedeutet deshalb auch nie, dass wir »Kontrolle über unsere Bereiche abgeben« oder »Macht verlieren«. Von all den Aktivitäten und Pflichten, die Du abgibst, laufen letztendlich immer bei Dir wieder alle Fäden zusammen. Ja, Du gibst Aufgaben, Kompetenzen und Verantwortung für einzelne Tätigkeiten ab, die Verantwortung für das Große und Ganze bleibt jedoch bei Dir. Und wenn die Menschen, an die Du abgegeben hast, nicht so liefern wie gewünscht, dann liegt es in Deiner Verantwortung, Konsequenzen zu ziehen. Entweder indem Du künftig jemand anderen beauftragst, der besser für diese Aufgabe oder Verantwortung geeignet ist, oder indem Du mit Feedback den Aufgaben-Erfüller auf die richtige Bahn lenkst.

Konsequent durchgreifen

Prinzipiell wichtig ist eine gesunde Grundeinstellung: Wenn Menschen nicht so liefern, wie Du (das Unternehmen, die Familie) es brauchst, dann sei bitte konsequent. Viel zu viele Teams schleppen Underperformer durch, viel zu viele Family-Manager beschäftigen Reinigungskräfte, die die Hälfte des Schmutzes nicht sehen, weil es besser und konfliktfreier ist, eine schlechte Hilfe zu haben als gar keine.

So verständlich das ist – immerhin kostet es eine Menge Zeit, Unterstützer oder neue Mitarbeiter zu suchen: Für Dein Tages- und Wochenpensum ist das fatal. Jetzt bezahlst Du schon jemanden, und doch bleibt eine Menge Sand in Deinem Krug bzw. kommt neuer Sand durch Kontrolle und endlose Nachbesserungsschleifen hinzu. Aus Zeitnot oder auch weil wir Konflikte scheuen (Hallo Hanni Herzlich, hallo »Sei nett!«-Antreiber) geben wir uns mit unzureichender Unterstützung zufrieden.

Aber nicht nur für unser Zeitbudget ist das schlecht! Denn die Minderleistung hat eine Signalwirkung – zum einen auf den Aufgaben-Übernehmer, bei dem erfahrungsgemäß nach und nach der Schlendrian immer größer wird und sein Nutzen für Dich immer geringer, zum anderen auf andere Menschen in Deinem Umfeld, die natürlich auch irgendwann mal die Minderleistung bemerken und sehen, dass dies keinerlei Konsequenzen hat. Kein Wunder, wenn so nach und nach in Teams oder im Familiengeist die Lust, engagiert zu arbeiten, kollektiv rapide sinkt. Warum sollten sich die anderen anstrengen und womöglich für den Underperformer mitarbeiten?

Wenn Du also mit der Arbeit des anderen nicht zufrieden bist, dann greif durch. Änder Deine Einstellung zu »Kontrolle«. Denn: Was für Dich Kontrolle ist, ist für den anderen wertvolle Unterstützung!

Updates vereinbaren

Je weniger Du die Arbeitsweise des Aufgaben-Erfüllers kennst, oder je neuer, schwieriger und komplexer eine Aufgabe, ein Projekt, eine Entscheidung ist, desto mehr machen Updates Sinn. Vor allem bei längerfristigen Aufgaben. Idealerweise habt Ihr solche Meilenstein-Updates bereits im Briefinggespräch vereinbart und vielleicht auch damals bereits Zeitpunkte geplant. Falls nicht, dann macht das jetzt noch, im laufenden Prozess. Das gibt Dir die Sicherheit, dass es vorangeht – und zwar so, wie es Eurer beider Vorstellung entspricht. Und wenn es nicht in Deinem Sinne läuft, könnt Ihr frühzeitig gegensteuern. Besprecht bitte, dass es nicht um »Kontrolle« geht oder darum, dass Du dem anderen nicht vertraust, sondern darum, ein optimales Ergebnis zu erreichen.

Frag bei den Updates konkret (!) nach dem Stand der Aufgabe. Eine Frage à la »Wie läuft's?« ist denkbar ungeeignet. Und lass Dich auch nicht mit Nebelkerzen abspeisen wie »Läuft!«, »Alles paletti!« oder »Alles im Plan!«. Frag so lange nach, mit offenen Fragen (siehe oben), bist Du ein klares Bild vom Stand der Dinge hast.

Für kreativ-chaotische Aufgaben-Abgeber ist ein Update häufig eine ganz besondere Herausforderung. Denn wenn sie Aufgaben abgeben, dann mögen sie eigentlich damit überhaupt nichts mehr zu tun haben und vertrauen darauf, dass der andere es schon super machen wird. Kann sein. Muss aber nicht.

Schon Deine Nerven und schütz Dich vor überraschenden Last-Minute-Aktionen, indem Du Feedbackrunden oder zumindest kurze Updates einplanst. Weißt Du nach einiger Zeit der erfolgreichen Zusammenarbeit, dass der andere super in Deinem Sinne agiert, und auch der Aufgaben-Übernehmer signalisiert kein Bedürfnis nach Austausch, dann könnt Ihr Runden wieder streichen.

Daily Stand-up-Meetings durchführen

Zahlreiche Teams rund um den Globus haben tägliche Kurz-Treffen eingeführt, um sich auch gegenseitig up to date darüber zu halten, wer gerade an welchem Thema arbeitet oder wer welche To-dos in der Mache hat. Statt einer Sitzung machen sie eine »Stehung«, das bedeutet, sie stellen sich in lockerer Runde zusammen, anstatt sich in einem Konferenzraum gemütlich in die Stühle zu fläzen. Stehungen haben den großen Vorteil, dass wir im Stehen schneller auf den Punkt kommen und damit per se effektiver die anstehenden Themen besprechen können.

Mit der Einführung agiler Methoden haben diese täglichen Stehungen auch hübsche Namen bekommen wie Daily Stand-up-Meeting oder Daily Scrum-Meeting, die in der Regel maximal 15 Minuten dauern. Dabei beantwortet jedes Teammitglied folgende Fragen, ohne von den anderen unterbrochen zu werden:

- Was habe ich seit dem letzten Meeting erledigt?
- Was möchte ich bis zum nächsten Meeting tun?
- Was hindert mich an meiner Arbeit (Blockaden/Hindernisse)?

Manche Teams haben einen vierten Punkt ergänzt, nämlich eine Antwort auf die Frage »Was lief seit dem letzten Treffen besonders gut, was hat mich gefreut?«.

Das Meeting findet jeden Tag pünktlich (!) zur gleichen Zeit statt und ist eine Pflichtveranstaltung für alle Teammitglieder, die im Haus sind oder die virtuell gemeinsam arbeiten (vgl. Kapitel »Mehr Fakten bitte«). Keiner kann sich also mit einem »Ach so wichtigen Kundentelefonat« herausreden – auch die Teamleiter nicht!

Einer meiner Kunden hat diese Stand-ups mit einer Zeitdauer von 12 Minuten täglich etabliert, jeder Mitarbeiter hat 70 Sekunden Zeit für sein Update. Zusätzlich visualisieren sie die Aufgaben auf Klebezetteln auf einer fahrbaren Weißwandtafel, sodass die Mitarbeiter in der Präsentation erledigte Aufgabenzettel vom Whiteboard abnehmen und die neuen To-dos aufkleben können. Dies macht es nicht nur für alle Kollegen übersichtlich, sondern hat auch den großen Vorteil, dass sich jeder Mitarbeiter in der Früh, *vor* dem Meeting, in den Tag reindenkt, drei Aufgaben mit Priorität für sich definiert, aufschreibt und diese dem Team mitteilt. So kommt keiner in Versuchung, sich schnell und unüberlegt irgendeinen Punkt aus der Nase zu ziehen, Hauptsache, er redet. Das Morgen-Meeting sorgt zudem dafür, dass jeder transparent über laufende Aufgaben im Team informiert ist und dass auf diese Weise auch Unterstützung bei Problemen sehr schnell und unbürokratisch möglich ist.

Zusätzlich zu diesen Dailys macht Ihr dann natürlich projektbezogene Stand-ups, um Meilensteine zu besprechen oder Euch in der Tiefe auszutauschen.

Konstruktives Feedback geben

Du erkennst bei Euren Meilenstein-Besprechungen, dass es nicht in die gewünschte Richtung geht? Oder bekommst ein Resultat, das Du so nicht willst? Dann kritisier konstruktiv anhand der folgenden Punkte:

- Lob, was schon gut ist.
- Formulier Deine Vorstellungen konkret erneut und vergewisser Dich, dass der andere Dich wirklich verstanden hat. Lass ihn die Aufgaben in seinen Worten wiederholen.
- Frag nach Vorschlägen, wie der andere dies jetzt anders machen würde.
- Mach bei Bedarf (!) zielführende Vorschläge.
- Vereinbart weitere Schritte und neue Deadlines.
- Sag es klar als Appell, und nicht weichgespült durch die Blume, garniert mit Weichmacher-Worten wie »könnte«, »sollte«, »wenn Sie Zeit haben, wäre es schön …«.

Sandwich? Bäh!: Bitte nutz zum Feedbackgeben nicht mehr die sogenannte Sandwich-Technik, die seit Jahrzehnten in Kommunikationstrainings geschult wird: Du beginnst mit einem Lob, sagst dann die negative Kritik und packst wieder ein Lob obendrauf. So wie ein Sandwich aus Brot-Belag-Brot besteht. Die meisten Menschen kennen diese Technik mittlerweile in- und auswendig, sodass die stoische Anwendung sehr lehrbuchmäßig albern wirkt.

Zudem übertüncht die negative Kritik zumeist die beiden positiven Punkte und bleibt als Einziges hängen. In vielen Studien habe ich beobachtet, dass das erste Lob überhaupt nicht mehr wahrgenommen, geschweige denn ernst genommen wird. Sobald jemand zu loben anfängt, sind wir innerlich schon auf das »aber« gepolt. »Prima, dass Du die Kostenaufstellung pünktlich fertig hattest, aber an die Zahlen musst Du nochmal ran. Da ist ein Rechenfehler drin. Hübsch übrigens, dass Du die Spalten in der Excel-Tabelle bunt gemacht hast.«

Und es macht das Ganze keinen Deut besser, wenn Du das »aber« vermeidest und stattdessen »und« sagst. Die innere Erwartungshaltung des anderen ist vom ersten Lob weg auf ein »aber« gerichtet – automatisch, wie der Pawlow'sche Hund.

Sag, was Du sagen willst, offen, ehrlich, sachlich und wertschätzend.

Tipps für den Feedback-Geber:
- Beschreib Deine Wahrnehmung – bewerte nicht.
- Geh immer wieder bewusst auf die Sach-Ebene und vermeide unterschwellige Botschaften auf der Beziehungs-Ebene.
- Sprich in Ich-Botschaften.
- Bezieh Dich auf konkrete, nachvollziehbare Punkte.
- Vermeide abwertende Sätze und Ausdrücke.
- Vermeide »ausgelutschte« Wort-Kosmetik. Wenn es ein Problem in der erledigten Aufgabe gibt, dann sprich bitte nicht von einer »Herausforderung«.
- Gib anschauliche und realisierbare Veränderungstipps.
- Sprich in einem wertschätzenden Tonfall.

Tipps für den Feedback-Nehmer:
- Versteh das Feedback als Chance, etwas (über Dich) zu lernen.
- Wenn Du etwas nicht verstehst, frag nach (z. B. mit den Techniken des Paraphrasierens.
- Rechtfertige Dich nicht, aber liefer wichtige Hintergrundinformationen, die die Bearbeitung der Aufgabe oder das Erreichen des Ziels beeinflussen.
- Versteh Feedback immer als Information auf der sachlichen Ebene und nicht als Angriff auf Deine Person oder Kompetenz, oder gar als Aussage über Euer Verhältnis.

Zuhören

Wie schon beim Briefinggespräch ist beim Feedbackgeben das Zuhören das Wichtigste. Gib Impulse, stell Fragen – und dann hör gut zu, was der andere zu sagen hat. Geh auch hier mit einer offenen Haltung ins Gespräch, und ruinier nicht den Erfolg der Aufgabe, weil Du einfach nicht zuhören willst.

Immer wieder schaffen es Unternehmen in die Schlagzeilen, weil hochrangige Manager nicht auf ihre Mitarbeiter hören wollten und sogar Warnungen in den Wind schlugen. Ob bei Finanzgeschäften mit Offshore-Firmen oder in der Konstruktion von Flugzeugen, häufig erkennen die Mitarbeiter an der Basis sehr früh, dass etwas aus dem Ruder läuft. Mach nicht den Fehler, solche Aussagen zu ignorieren. Selbst wenn es Euch nicht in die Schlagzeilen bringt, es kostet eine Menge Geld, wenn komplette Teams wider besseres Wissen in die falsche Richtung arbeiten, und demotiviert. Noch ein Grund, warum ich agile Methoden wie Scrum oder OKR sehr schätze.

Loben, loben, loben

Schade, dass wir in einer Kultur leben, in der gilt: »Nicht geschimpft ist genug gelobt!« Denn ein Lob freut und motiviert die meisten Zeitgenossen. Und wenn Du jetzt nicht nur lapidar lobst (»Gut gemacht!«), sondern sehr konkret, dann erzielst Du einen doppelten Nutzen.

Wenn Du beispielsweise sagst: »Vielen Dank für die Vorschläge, wie wir Kopierkosten sparen können. Besonders die grafische Übersicht der Einsparpotenziale fand ich super, weil damit auf einen Blick deutlich wurde, welche Lösung wir favorisieren sollten!«, dann steigert das die Wertschätzung des Lobes, weil der andere erkennt, Du hast Dich genau damit beschäftigt.

Und – tataaaaa – mit solchen Aussagen ersparst Du Dir beim nächsten Delegieren Briefingaufwand. Denn durch konkretes Feedback lernt der andere, was Dir gut gefällt, und kann das bei der nächsten Aufgabe direkt miteinfließen lassen. Ohne dass Du es dann groß erklären musst.

»Es ist ein Zeichen von Mittelmäßigkeit, nur mittelmäßig zu loben«, wusste schon der amerikanische Philosoph und Staatsmann Benjamin Franklin. Etabliert eine Lobkultur in Eurem Unternehmen und Eurer Familie. Beachte dabei als Sahnehäubchen, dass jeder Mensch eine bevorzugte Art und Weise hat, Lob als solches zu erkennen, und lob den anderen in seinem bevorzugten Wahrnehmungskanal:[27]

- Auditive Menschen möchten ein Lob hören: »Gut gemacht!«

- Visuelle Typen wollen ein Lob sehen oder in den Händen halten: einen »Danke«-Klebezettel, eine Karte, ein Geschenk oder einen Blumenstrauß.
- Manche bevorzugen ein Lob in Form einer gemeinsamen Unternehmung: essen gehen oder Sekt trinken.
- Kinästheten möchten das Lob fühlen: umarmen, auf die Schulter klopfen.

Danke sagen

Wie motivierend und wertschätzend ist es, wenn wir dem Aufgaben-Übernehmer »Danke« sagen. Auch wenn es seine definierte Aufgabe ist, Dich zu entlasten, oder Ihr die Aufgaben entsprechend unter Euch aufgeteilt habt: Ein herzliches »Danke« schadet nie. Im Gegenteil.

Und wie wertschätzend ist es, wenn ein besonderer Einsatz auch ein besonderes Dankeschön bekommt. Immer wieder erzählen mir Berufstätige, dass sie von ihren Kollegen oder Vorgesetzten Blumen oder Schokolade geschenkt bekommen haben, wenn ein Sonderprojekt spitze lief. Selbst Jahre später können sie sich noch an diese kleinen Aufmerksamkeiten erinnern und bekommen leuchtende Augen.

Vertrau aber im Sinne des Vier-Ohren-Modells nicht darauf, dass der andere es als »Dankeschön« erkennt, wenn Du stillschweigend die Teeküche aufgeräumt hast und Dich damit für einen Gefallen revanchieren willst. Für Dich mag das ein nonverbales »Danke« sein, für den anderen kommt überhaupt keine Botschaft an.

Prinzip #5: Verantwortung abgeben

Ich habe es bereits mehrfach angesprochen, und doch möchte ich es an dieser Stelle nochmals ganz klar sagen: Wenn Du Aufgaben abgibst, dann gib auch entsprechend die Verantwortung ab. Und das bedeutet: Wenn der andere die Aufgabe oder die vereinbarten Resultate nicht, nur fehlerhaft oder zu spät liefert, muss das in irgendeiner Form Konsequenzen haben. Immer wieder erlebe ich in den Unternehmen, dass Menschen Aufgaben abgegeben haben, dann liefert der andere nicht wie vereinbart – und es passiert nichts! Außer, dass der Aufgaben-Abgeber sich jetzt selbst der Aufgabe annimmt und – meist auf den letzten Drücker – eine Lösung zusammenschustert.

Die Konsequenz? Viel unerwartete Mehrarbeit für Dich und – formulieren wir es mal böse – der andere lernt, dass er sich die Zeit sparen kann, Deine Aufträge auszuführen. Weil außer ein bisschen dicker Luft ja nichts weiter zu befürchten ist. Verantwortung zu übertragen und dem anderen zu sagen, dass er jetzt den Hut dafür aufhat, ist für Dich also eine Art Garantie, dass der andere sich wirklich kümmert.

Gehen wir mal vom positiven Fall aus, dass Du motivierte und engagierte Menschen um Dich hast, denen das oben geschilderte Verhalten völlig fremd ist, dann bedeutet Verantwortung abgeben auch, dass Du dem anderen etwas zutraust. Und daran können Menschen wachsen.

Gib also immer so viel Verantwortung wie möglich ab, denn viele delegierte Aufträge scheitern, weil sich der andere nur als »Depp vom Dienst« fühlt und als Handlanger. Aus diesem Grunde scheitert übrigens auch häufig das Helfen in der eigenen Familie. Oft geben die Family-Manager nämlich lediglich

Hilfsjobs wie den Müll raustragen oder abspülen ab und behalten die spannenden, anspruchsvollen Tätigkeiten für sich.

Gib lieber verantwortungsvolle Jobs ab, das motiviert den anderen und bringt Spaß. Die Menschen wachsen mit ihren Aufgaben, und je mehr Verantwortung Du abgeben kannst, desto besser entlastet Du Dich langfristig.

Vertrauen schenken und Fehler zulassen

Gib Verantwortung ab, und schenk Vertrauen. Vertrauen, dass der andere es machen wird, mit Sicherheit anders machen wird als Du, aber dass auch etwas Gutes dabei herauskommt. Selbst wenn es zunächst ein paar Irrwege gibt oder Fehler passieren, nimm das nicht als Vorwand, die Aufgabe oder die Verantwortung wieder an Dich zu reißen.

Als ich mich vor einiger Zeit in das Thema »Agiles Arbeiten« eingearbeitet habe, war ich positiv überrascht, dass das Thema »Fehlermachen« explizit als Kennzeichen agiler Organisationen genannt wird. Eigentlich ist es ja traurig, dass man eine produktive Fehlerkultur und »scheitern dürfen« offensiv in Manifeste schreiben muss, zeigt es doch, dass viel zu lange genau das Gegenteil gelebt wurde. Aber ja, es stimmt: In vielen Organisationen und sogar in Familien gehen alle auf Nummer sicher, wagen nichts – und können sich entsprechend auch nicht wirklich weiterentwickeln. Wenn Fehler negative Konsequenzen oder dumme Sprüche (»Wie kann man nur so doof sein!?«) zur Folge haben, dann ist es klar, dass keiner was ausprobiert.

Im diesem Sinne bin ich eine Verfechterin des agilen Mindsets, das übrigens den Ideensprudlern unter den Kreativen Chaoten im Blut liegt, und ich bin bereits seit Jahrzehnten eine große Verfechterin von einer neuen Fehlerkultur in unseren Unternehmen und im privaten Alltag. Egal ob in meinen bisherigen Büchern, meinen Seminaren oder meinen Vorträgen, ich breche mit Leidenschaft eine Lanze fürs Scheitern-Dürfen. Denn nichts blockiert Motivation, Schaffensfreude, Kreativität, Fortschritt, Innovationen und großartige Ergebnisse mehr als die Angst, etwas falsch zu machen und dafür eins auf den Deckel zu bekommen.

Wenn Du also Aufgaben abgibst, dann betrachte Fehler und Misserfolge als Chance für Verbesserungen – und nicht als Killer-Argument nach dem Motto: »Hätte ich es doch gleich lieber selbst gemacht!« Besonders für Menschen, die einen starken »Sei perfekt!«-Antreiber haben (vgl. Kapitel »Innere Haltung«), ist das zunächst eine große Herausforderung, weil Fehler und Perfektionismus sich meist ausschließen. Du kann aber Deinen Perfektionismus neu kanalisieren, indem Du Wege schaffst, um perfekt mit Fehlern umzugehen.

Vereinbart Spielregeln, wie Ihr Fehler handhabt. So wie bei Toyota, wo nicht derjenige mit Sanktionen rechnen muss, der einen Fehler gemacht hat, sondern derjenige, der diesen zu vertuschen versucht, statt ihn offenzulegen. Denn so die – sinngemäße – Argumentation von Toyota: »Gib uns eine Chance, aus Deinen Fehlern zu lernen!«[28]

Lehnt Euch an Konfuzius an, der sagte: »Wer einen Fehler gemacht hat und nicht daraus lernt, begeht einen zweiten Fehler!« Schafft also eine grundsätzliche Haltung des »neugierigen Ausprobierens« in einem Klima, das frei von Ängsten, Rechtfertigungsdruck oder Schuldzuweisungen ist, und lernt anschließend aus den Dingen, die nicht geklappt haben oder schiefgelaufen sind. Dies gelingt super, wenn Ihr gemachte Fehler sachlich analysiert, die Ursachen herausfindet (Toyota stellt in diesem Fall fünfmal die Frage nach dem Warum) und dann Maßnahmen ergreift, damit sich diese Fehler nicht wiederholen.

Lass Dich inspirieren von wegweisenden Misserfolgen, ohne die sensationelle Erfindungen wie die Klebezettel, das Steckerl-Eis oder Penicillin nicht möglich geworden wären, und lern von Unternehmen wie dem Eishersteller Ben & Jerrys, die ihre Scheitern-Kultur sogar mit einem »Friedhof der Eissorten« zelebrieren für Geschmacksrichtungen, die zu Grabe getragen werden mussten.[29]

Je mehr Verantwortung Du selbst trägst und je mehr Verantwortung Du an andere Menschen überträgst, desto wichtiger ist es, überschaubare Risiken in Kauf zu nehmen. Natürlich können sich dabei einige Risiken als teure Fehlentscheidung entpuppen. Meist sind jedoch die vermeintlichen sicheren Lösungen auf Dauer die sehr viel teureren. Fehler machen dürfen heißt also nicht, sich blindlings auf Neues zu stürzen, sich ohne Netz zu bewegen oder das Hirn auszuschalten, nein, es bedeutet, ein gewisses Risiko eingehen zu dürfen, um großartige neue Dinge entstehen und die Beteiligten innerlich wachsen zu lassen.

Andere Ergebnisse und Arbeitsweisen akzeptieren

Du hast den anderen Präferenztypen-gerecht gebrieft, so gut wie möglich die Aufgabe erklärt, es vorgemacht oder anhand von Checklisten, Mustern oder Bildern gezeigt, wie das gewünschte Ergebnis aussehen soll. Lass jetzt den andern machen, so wie er es für richtig hält. Akzeptier andere Wege oder auch Resultate, die anders sind als vereinbart, aber unterm Strich das übergeordnete Ziel viel besser erreichen als das, was Du im Kopf hattest. Gesteh dem anderen zu, dass er eine andere Arbeitsweise hat als Du und einen eigenen Rhythmus. Solange am Ende etwas herauskommt, das dem Ziel dient, ist alles gut.

Nicht nacharbeiten!

Bitte mach auf keinen Fall den Fehler, unperfekte oder falsche Lösungen selbst zu korrigieren und nachzubearbeiten. Oder um es mit den Worten des ehemaligen US-amerikanischen Politikers Theodore Roosevelt zu sagen: »Wer seiner Führungsrolle gerecht werden will, muss genug Vernunft besitzen, um die Aufgaben den richtigen Leuten zu übertragen, und genügend Selbstdisziplin, um ihnen nicht ins Handwerk zu pfuschen.«

Ja, natürlich kostet es Euch jetzt nochmals Zeit, dem anderen die Fehler zu zeigen, zu erklären, wie es besser gemacht werden könnte, und den anderen wieder an die Arbeit zu bitten. Gerade wenn Du ebenfalls eine gute Fachkenntnis hast, ist es verführerisch, den Malus selbst schnell zu beheben, noch dazu, wenn Zeitdruck herrscht. Allerdings ist dieses Vorgehen der Sargnagel für jegliche Motivation des anderen für künftige Arbeiten. Es bleibt der Eindruck hängen, unfähig zu sein, und zusätzlich nimmst Du dem anderen auch noch die Chance dazuzulernen. Bei manchen Menschen legst Du zusätzlich den Samen, dass sie sich über kurz oder lang »dumm« stellen – weil sie wissen, dass dann der Kelch an ihnen vorübergeht. Nach dem Motto: »Fünf Minuten dumm gestellt und zwei Stunden Zeit gewonnen!«

Natürlich ist mir bewusst, dass häufig Zeitdruck und Stress herrschen, und manchmal lässt es sich wirklich nicht vermeiden, dass Du einer schnellen Lösung zuliebe selbst tätig wirst. In diesem Fall sag dies aber bitte dem anderen, dass Du dies jetzt ausnahmsweise selbst fixt, und vereinbart, dass Ihr Euch nach der Deadline nochmals in Ruhe zusammensetzt, um zu besprechen, wie Du es eigentlich gebraucht hättest. Nur so kann der andere lernen!

Idealerweise hast Du aber bereits ausreichend Puffer einkalkuliert, als Du die Aufgabe abgegeben hast, sodass Ihr spätestens bei einem der letzten Meilenstein-Gespräche noch am Erfolg schrauben könnt.

Tauch außerdem gerne nochmals in das Kapitel »Innere Haltung« ein und nimm Dir Deinen Gewinn von »Ich mach's!« vor. Halt Dir immer wieder vor Augen: Auf Dauer macht es keinen Sinn, wenn Du Deine Existenzberechtigung daraus ziehst, dass Du Feuerwehr spielen musst, dass die »anderen einfach zu doof sind« oder dass »ohne Dich hier einfach gar nichts klappt«. Verhinder mit der grundsätzlich richtigen Einstellung zu »Tu Du!«, dass Du nacharbeiten »musst«.

Vertreter bestimmen

Bestimm besonders bei wichtigen Aufgaben oder Zielen einen Vertreter. Wer springt ein, wenn der Aufgaben-Annehmer doch nicht tätig werden kann? Weil er krank wird? Oder Aufgaben mit einer höheren Priorität vorrangig übernehmen muss?

Weißt Du, was nämlich in den meisten Fällen passiert? Richtig, die delegierte Aufgabe fällt an Dich zurück. Weil Ihr ja sonst niemanden habt, der anpacken könnte.

Verhinder diese Falle, indem Ihr klar festlegt, wer *spontan* bei welchen Themen einspringt, um Deadlines zu halten. Und macht Euch unbedingt auch Gedanken, wer *prinzipiell* wen bei welchen Themen vertritt, z. B. im Falle von Krankheit oder Urlaub. In vielen

Unternehmen gibt es zwar Absprachen bezüglich der Aufgaben – aber leider wird das in puncto Zeitbedarf überhaupt nicht konsequent zu Ende gedacht. Eine Studie zeigte, dass deutsche Arbeitnehmer im Schnitt acht Überstunden pro Woche aufbauen, wenn der Kollege im Urlaub ist. Die Hälfte der Befragten verzichtet auf die Mittagspause, um das Pensum zu schaffen, und 44 Prozent nehmen Arbeit mit nach Hause – teilweise auch über das Wochenende.[30] Eine Umfrage zeigte zudem, dass jeder zwölfte Arbeitnehmer in deutschen Unternehmen überhaupt keinen Vertreter hat und deshalb nach dem Urlaub oder nach Krankheit einen unüberschaubaren Berg an liegen gebliebenen Aufgaben vorfindet.[31] Ein Grund, warum engagierte Berufstätige sich auch krank zur Arbeit schleppen oder im Urlaub am Laptop hängen.

Vorbildlich ist da die Regelung in einem süddeutschen Konzern, der für jede Stelle 1,2 Mitarbeiter plant. Luxus? Nein, eine sehr sinnvolle Planung, die genau die tatsächliche Anwesenheit der Mitarbeiter widerspiegelt und somit die Grundlage für ein stressfreies, produktives Tun legt. Und damit auch die Grundlage, dass Du Aufgaben mit einem guten Gefühl an Dritte und deren Vertreter abgeben kannst.

Rückdelegation verhindern

»Ich habe schon häufiger Aufgaben abgegeben, die dann doch wieder auf meinem Schreibtisch gelandet sind und von mir erledigt wurden.« Könnte diese Aussage von Dir sein? In diesem Fall bist Du der beliebten Rückdelegation auf den Leim gegangen. Rückdelegation bedeutet, dass Aufgaben oder Verantwortung, die Du jemand anderem gegeben hast, doch wieder bei Dir landen. Der Autor Kenneth Blanchard hat dies in seinem Buch

Der Minuten-Manager und der Klammeraffe[32] sehr anschaulich beschrieben. Er sagt, dass jede Aufgabe, die wir zu erledigen haben, wie ein Klammeraffe auf unserer Schulter sitzt. Delegieren wir etwas, dann wechselt der Klammeraffe zum Aufgabenempfänger. Aber Vorsicht! Wenn wir nicht aufpassen, dann hüpft der Affe wieder auf unsere Schultern zurück!

Manche Menschen sind (bewusst oder unbewusst) hochkreativ, damit die Klammeraffen zu uns zurückspringen.

- Sie stellen sich bewusst dumm, damit Du den Retter in der Not geben kannst (siehe oben).
- Sie geben sich mit verzweifelter Miene hilflos (»Ich komme damit einfach nicht klar ...«) und provozieren so das Eingreifen des Vorgesetzten.
- Sie machen Dir Komplimente (»Sie kennen doch den Kunden schon seit Jahren, Ihnen frisst er aus der Hand ...«) und schieben Dir so für sie unangenehme Aufgaben zu.
- Sie sitzen die Deadline einfach aus.
- Sie schildern (womöglich tränenreich) ihren derzeitigen Workload, ihre privaten oder gesundheitlichen Probleme, aber bieten heroisch an, sich natürlich um dieses Thema auch noch zu kümmern. Schließlich kannst Du Dich ja auf sie verlassen! Und was machst Du? Nimmst aus Mitleid die Aufgabe zurück.
- Sie lassen jeden Zwischenschritt von Dir absegnen und schieben damit das Risiko einer Fehlentwicklung Dir zu.
- Sie weisen darauf hin, dass sie nicht ausreichend geschult sind und in der Kürze der Zeit sich auch nicht einarbeiten können.

Hand auf Herz: Mit welcher Strategie bringen Dich die anderen dazu, zu sagen: »Okay, gib her!«? Denk bitte einen Moment darüber nach, welchen »Knopf« die anderen bei Dir drücken können, damit Du bereits abgegebene Aufgaben und Verantwortungen doch wieder zurücknimmst. Sind es Komplimente an Deine Diplomatie, Dein Wissen, Deine Erfahrung, Dein Arbeitstempo? Ist es der Retter-Instinkt in Dir? Ist es das schlechte Gewissen?

Befrei Dich von der Macht dieser Knöpfe und geh bewusst auf die Sach-Ebene. Reagier angemessen mit Rückfragen wie

- Was schlägst Du vor?
- Was brauchst Du konkret, um die Aufgabe zu erledigen oder die Entscheidung zu treffen?
- Welche Alternativen schlägst Du vor?
- Was kann ich beitragen, damit Du die Aufgabe erfüllen kannst?

Mit solchen souveränen Rückfragen verhinderst Du Rückdelegationsversuche (auch in künftigen Fällen), lässt die Verantwortung bewusst beim anderen, zeigst ihm, dass Du ihm vertraust, und gibst ihm die Chance zu wachsen.

Nimm nur Aufgaben zurück, wenn der andere tatsächlich mit der Aufgabe oder der Verantwortung überfordert wäre. Ansonsten hör Dir gerne die auftretenden Probleme an und sorg dann dafür, dass der andere sein Problem auch wieder mitnimmt und nicht den Klammeraffen bei Dir lässt. Oder wie der Autor Hans-Jürgen Kratz warnt: »Treten Sie Rückdelegation nicht entgegen, werden Sie zum besten Mitarbeiter Ihres Mitarbeiters!!!«[33]

FAZIT

Aufgaben erfolgreich abgeben ist eine Frage
der richtigen Prinzipien, Methoden und Techniken. Hier die wichtigsten Schlagworte dieses
Kapitels:

- die richtige Aufgabe auswählen (Routine, Experten …)

- die richtige Person auswählen
    - fachliche Qualifikation
    - methodische Qualifikation
    - Soft Skills
    - Erfahrung
    - Präferenz/Denkstil
    - zeitliche Verfügbarkeit

- richtig briefen
    - mit den sieben W-Fragen (Wer macht was wie womit wo wann wozu?), besonders wichtig: Deadline, Ziel, geschätzter Zeitaufwand, Puffer
    - aktiv zum Handeln auffordern (Vier-Ohren-Modell)
    - aktiv zuhören
    - briefen nach Präferenz/Denkstil
    - Delegiertes schriftlich festhalten

- Feedback geben
    - konsequent durchgreifen
    - Updates vereinbaren / Meilenstein-Meetings
    - konstruktives Feedback geben
    - zuhören
    - loben, loben, loben
    - Danke sagen

- Verantwortung abgeben
    - Vertrauen schenken
    - Fehler zulassen
    - andere Arbeitsweise akzeptieren
    - u. U. andere Ergebnisse akzeptieren
    - nicht nacharbeiten!
    - Vertreter bestimmen
    - Rückdelegation verhindern

Leg los!

Lass Mal Andere Arbeiten – ich hoffe, mit den Impulsen, Methoden und Techniken aus diesem Büchlein wird Dir das ab sofort leichtfallen. Nutz das Coaching-Workbook, um an den für Dich besonders wichtigen Themen zu arbeiten, und probier die einzelnen Punkte in Deinem beruflichen und privaten Alltag direkt aus.

Wart nicht darauf, bis Du alles hundertprozentig erfasst und innerlich verarbeitet hast, sondern verbesser in kleinen Schritten Deine Einstellung sowie Deine Methodik von »Tu Du!«. Gönn Dir ausreichend Zeit, das Gelernte im Alltag umzusetzen, und freu Dich über die Freiräume, die Du damit gewinnst.

Beginn mit Aufgaben, die leicht zu delegieren sind, und kooperier mit Menschen, die offen und motiviert Aktivitäten übernehmen. Verschaff Dir Sicherheit, dass das Delegieren klappt, und wag Dich dann immer weiter vor. Reflektier nach jedem Abgeben, was bereits gut funktioniert hat und was Du beim nächsten Mal anders machen willst. Lass Dich nicht abhalten, nur weil es mal nicht gut geklappt hat oder der andere mosert. Steiger Dein »Lass Mal Andere Arbeiten« nach und nach in puncto Umfang und Schwierigkeit. Halt Dir vor Augen, dass Delegieren ein Skill ist, das wir ebenso trainieren können wie Rad fahren, Tango tanzen oder Fußball spielen. Je öfter Du es machst, desto leichter wird es Dir fallen und desto besser werden die Ergebnisse sein.

Schreib mir gerne, was Du in Deinem Leben mit den Inhalten aus diesem Buch verändert hast – Feedback ist das Brot des Autors. Empfiehl LMAA gerne auf Amazon oder persönlich Deinen Freunden und Kollegen. Und wenn Du tiefer eintauchen willst, um noch erfolgreicher mit Dir, Deiner Zeit und Deinen Aufgaben umzugehen, dann komm gerne auf mich zu. Lass Dich und Dein Team inspirieren mit einem zündenden und humorvollen Vortrag, geh tiefer mit einem Workshop oder arbeite an Deinen ganz persönlichen LMAA-Strategien im persönlichen Coaching. Mehr Infos zu Deinen Möglichkeiten findest Du unter www.Kreative-Chaoten.com.

Ich freue mich auf Dich.
Deine Cordula Nussbaum

Mehr Impulse von Cordula Nussbaum

Bücher/Hörbücher (Auswahl)

Produktiv und erfolgreich im Homeoffice: So arbeitest Du effektiv, produktiv, effizient, erfolgreich und gelassen in den eigenen vier Wänden. Campus für Kreative Chaoten 2020.

Lass Mal Alles Aus – Wie Du wirklich abschalten lernst, GABAL 2019.

LMAA – 66 Mini-Plädoyers für mehr Mut, Leichtigkeit und Gelassenheit, GABAL 2018 (Hörbuch-Ausgabe von 2019).

Geht ja doch! Wie Sie mit 5 Fragen Ihr Leben verändern, GABAL 2015 (Hörbuch-Ausgabe von 2015).

Organisieren Sie noch oder leben Sie schon? Zeitmanagement für kreative Chaoten, Campus (3. Auflage) 2017 (Hörbuch-Ausgabe von 2011).

Zeitmanagement. Mein Übungsbuch, Gräfe und Unzer (5. Auflage) 2019.

Mir reicht's – ich geh schaukeln. Der ganz normale Wahnsinn im Büro und wie man da nicht verrückt wird (mit Katja Schnitzler), Bastei Lübbe 2019.

Bunte Vögel fliegen höher. Die Karriere-Geheimnisse der kreativen Chaoten, Campus 2012.

111 Lifehacks: Die besten und einfachsten Ideen, mit denen Sie mehr Zeit fürs Leben gewinnen, Campus für kreative Chaoten, 2015.

Meine GlüXX-Factory – So mache ich mich einfach glücklich, Campus 2019.

Online-Kurse

Innere Saboteure zu Freunden machen – Live-Kick-Off und Live-Begleitung (Starttermine siehe Website).
Geht ja doch! Das 12-Wochen-Power-eCoaching für ein erfülltes Leben.
Mehr Zeit für mich! Der 10-Tage-Kompakt-Kurs (in drei eigenständigen Editionen für Angestellte, Selbstständige und Führungskräfte).

Mehr Infos zu den Online-Kursen:
www.kreative-chaoten.com/online-kurse

Live-Seminare, Vorträge und Online-Trainings (Inhouse und offene Termine, Auswahl)

Kreatives Zeit- und Prioritätenmanagement (für Kreative Chaoten und Systematiker)
Mental Health – mit der eigenen Glüxx-Factory gesund und glücklich arbeiten und leben
Ich. Wir. Unaufhaltsam. So machen Sie Ihr Team zum Dream-Team
Die goldenen Regeln der virtuellen Zusammenarbeit

Mehr Infos zu den Seminaren und Workshops: www.Kreative-Chaoten.com. Weitere Themen und Möglichkeiten auf Anfrage an info@kreative-chaoten.com

Gratistipps zum Lesen, Hören, Sehen

News-to-use – der monatliche Coachingbrief für mehr Zeit und Zufriedenheit (www.kreative-chaoten.com).

Glüxx-Factory – der Selbstmanagement-Blog unter www.Gluexx-Factory.de.

Kreatives Zeitmanagement – der Podcast (www.Gluexx-Factory.de, sowie auf iTunes, Spotify etc.).

Kreatives Zeitmanagement – der VLOG (www.youtube.com/cordulanussbaum).

Follow me on LinkedIn, Facebook, twitter, Instagram, XING.

Über Cordula Nussbaum

Cordula Nussbaum, langjährige Wirtschaftsjournalistin, Unternehmerin und 21-fache Buchautorin, inspiriert seit vielen Jahren Millionen Menschen mit ihren Impulsen zum persönlichen Erfolg. Ihr Podcast »Kreatives Zeitmanagement« zählt zu den TOP-Erfolgs-Podcasts. Ihren Blog Gluexx-Factory.de lesen monatlich viele Tausend Besucher. Ihre Bücher erschienen bislang in sechs Sprachen und wurden ins Lufthansa-Bordprogramm aufgenommen. Der SPIEGEL Wissen bezeichnet sie als »Deutschlands führende Expertin im Bereich Zeitmanagement«.

Die Vorträge der humorvollen Rednerin im In- und Ausland besuchen bis zu 1.000 Teilnehmer. Unternehmen von Allianz bis ZDF buchen sie regelmäßig für virtuelle Workshops und Video-Coachings sowie für Live-vor-Ort-Trainings zu den Themen Zeitmanagement & Team-Management, Erfolgreich (virtuell) Führen und als Führungskräfte-Coach.

Cordula Nussbaum erhielt bereits zahlreiche Auszeichnungen wie »Trainerin des Jahres«, »Top 100 Erfolgs-Trainer« oder »TOP 10 Trainer & Influencer 2019«. Als zweite deutsche Frau erhielt sie die weltweit einzigartige Auszeichnung »Certified Speaking Professional CSP« für ihr verdienstvolles Wirken im Weiterbildungsbereich.

Sie lebt mit ihrem Mann und ihren beiden Kindern bei München und liebt es, in der Hängematte zu liegen und zu lesen.
Kontakt: www.kreative-chaoten.com

Quellenverzeichnis

1 Die Anekdote kursiert nicht nur in verschiedenen Varianten der Erzählung (mal ist es beispielsweise ein Berater, der vor Topführungskräften spricht und ein Mayonnaise-Glas füllt, mal ist es ein Lehrer vor seiner Schulklasse, der zum Schluss Wasser in den Krug füllt), sondern auch die »Moral von der Geschichte« ist häufig eine völlig andere. Jüngst berichtete mir ein Seminarteilnehmer, der zunächst sehr ablehnend der Anekdote lauschte, er habe sie so kennengelernt, dass man die Steine am besten sehr systematisch in den Krug schichten müsste – also übertragen auf unsere Tage, die Aufgaben und Zeiten sehr systematisch planen und strukturieren müsse –, um so viel wie möglich in den Krug zu bekommen. Und dass man dann die Freiräume zwischen den Steinen mit weiteren (weniger wichtigen) Aufgaben füllen müsse. Für ihn war das eine abschreckende Lern-Botschaft, weil er sich nach Freiraum für Kreatives und Pausen, Erholung in seinem dichten Alltag sehnte. Er wollte nicht jede Sekunde mit Aufgaben verplanen – doch Freiräume waren in der Version der Geschichte, wie er sie kennenlernte, nicht vorgesehen. In meiner »Zeitmanagement«-Welt sind Pausen und Kreativ-Zeiten allerdings wertvolle Steine – und keine Lückenfüller.

2 Vgl. Factor | P, Newsletter 01/2014: Kosteneffizienz durch Wertschöpfung. Wo liegt das Potenzial für den Mittelstand?« http://www.factorp.de/wp-content/uploads/2019/08/Newsletter_01_2014.pdf [6.4.2020]

3 Vgl. Dickie, H. F. (1951): ABC inventory analysis shoots for dollars not pennies. Factory Management and Maintenance, 109(7), 92–94, zitiert nach: Praveen M. P., Techniques for Inventory Classification: A Review. In: International Journal for Research in Applied Science & Engineering Technology (IJRASET), Volume 4 Issue X, October 2016, S. 508 – 518.

4 Übungen dazu findest Du beispielsweise im Online-Coaching »Geht ja doch!«, mehr Infos unter www.Kreative-Chaoten.com/online-kurse.

5 D. C. McClelland, R. Davidson, C. Saron, E. Floor: The need for power, brain norepinephrine turnover and learning. In: Biological psychology. Band 10, Nummer 2, März 1980, S. 93–102, PMID 7437489.
David C. McClelland, Vandana Patel, Deborah Stier, Don Brown: The relationship of affiliative arousal to dopamine release. In: Motivation and Emotion. 11, 1987, S. 51, DOI10.1007/BF00992213.
David C. McClelland: Achievement motivation in relation to achievement-related recall, performance, and urine flow, a marker associated with release of vasopressin. In: Motivation and Emotion. 19, 1995, S. 59, DOI10.1007/BF02260672.

6 Vor allem die TMS (transkranielle Magnetstimulation) und das HBDI (das Vier-Quadranten-Modell des Gehirns, engl. Herrmann Brain Dominance Instrument)

7   Den Gratis-Selbstcheck mit Sofortauswertung und Tipps für Dein persönliches Zeitmanagement findest Du unter www.Kreative-Chaoten.com/selbstchecks.

8   Im Online-Kurs »Innere Saboteure zu Freunden machen« ermitteln die Teilnehmer in einem ausführlichen Check die prozentuale Verteilung ihrer Antreiber und entwickeln Strategien, auch mit mehreren »Teufelchen« künftig gelassen umzugehen. Mehr Infos: www.kreative-chaoten.com/online-kurse

9   In meinem Band 2 der LMAA-Reihe »Lass Mal Alles Aus – Wie Du wirklich abschalten lernst« erkläre ich ab S. 132 sehr ausführlich die sechs verschiedenen Antreiber. Im Online-Kurs »Innere Saboteure zu Freunden machen« kannst du in einem ausführlichen Selbstcheck Deine Antreiber identifizieren und mit konkreten Übungen nachhaltig zu Deinem Vorteil einsetzen.

10 Vgl. Anna König: »Wir haben uns zu viert um die Arbeit geprügelt«, 17.12.2019. In: welt.com. https://www.welt.de/vermischtes/plus203204004/Bore-out-Wir-haben-uns-zu-viert-um-die-Arbeit-gepruegelt.html [6.4.2020]

11 Tobias Bug: Und wo sitzt der Chef? In: Süddeutsche Zeitung vom 25. Juli 2019. Auch hier: https://www.sueddeutsche.de/karriere/chef-grossraum-buero-status-1.4539324 [6.4.2020]

12 Vgl. Top News: Vom Mitarbeiter zum Chef: Jede dritte Führungskraft wird ins kalte Wasser geschmissen. 6.2.2020. In: top-news.at. https://www.top-news.at/2020/02/06/vom-mitarbeiter-zum-chef-jede-dritte-fuehrungskraft-wird-ins-kalte-wasser-geschmissen/ [7.4.2020]

13 Eine Excel-Tabelle «Honorarberechnung« findest Du im Bonus-Bereich zum Buch unter www.gluexx-factory.de/abgeben

14 Vgl. Elizabeth W. Dunn et al.: Buying time promotes happiness. In: PNAS, Juli 2017. Auch hier: https://www.pnas.org/content/114/32/8523 [7.4.2020]

15 Vgl. Stepstone: Vom Mitarbeiter zum Chef – Jede dritte Führungskraft wird ins kalte Wasser geschmissen. 6.2.2020. In: StepStone.de. https://www.stepstone.de/Ueber-StepStone/press/vom-mitarbeiter-zum-chef/ [7.4.2020]

16 Vgl. Kienbaum Institut, Agile Unternehmen: Zukunftstrend oder Mythos der digitalen Arbeitswelt, nachzulesen hier: https://www.stepstone.de/wissen/agiles-arbeiten/

17 Du interessierst Dich für das Thema »Agile Organisationen« und »Agiles Arbeiten«? In diesem BLOG-Beitrag erkläre ich die wichtigsten Grundbegriffe: www.gluexx-factory.de/agile-organisationen-scrum-kanban

18 »Remote Arbeit« bedeutet »Fernarbeit« und ist ein unaufhaltsamer Trend. Sie kann an jedem beliebigen Ort stattfinden – ein Online-Anschluss genügt.

19 »Work-Life-Blending« bedeutet die bewusste und absichtliche Vermischung von Job und Privatleben. Statt auf eine strikte Trennung der Zeiten zu achten, mixen (engl. »blend« = mixen) Berufstätige ihre beruflichen und privaten Aktivitäten nach Lust und Laune. Mehr dazu erfährst Du in meinem Buch »Lass Mal Alles Aus«, S. 85 ff.

20 Vgl. Frank Döring und Laura Meser: Warum drei von vier virtuellen Teams scheitern. Rochus Mummert Executive Consultants, Frankfurt am Main. April 2013, auch hier: https://www.rochusmummert.com/downloads/news/EW_Virtuelle_Teams_FD.pdf [7.4.2020]

21 Zit. nach: Stenzel, Christian: Adidas-Boss Kasper Rorsted – So tickt Deutschlands erfolgreichster Chef. Wann er aufsteht ++ Wie er wohnt ++ Wie viel Sport er macht. Exklusiv in: BILD+ vom 15.1.2020. https://www.bild.de/bild-plus/geld/wirtschaft/wirtschaft/adidas-boss-kasper-rorsted-so-tickt-deutschlands-erfolgreichster-chef-67346052.bild.html [7.2.2020]

22 Vgl. Insa Klasing: Der 2-Stunden-Chef, Campus 2019.

23 Mehr zum Ansatz der «disruptiven Innovation»: Clayton M. Christensen: The Innovator's Dilemma: When New Technologies Cause Great Firms to Fail (Management of Innovation and Change), Harvard Business Review Press; Reprint 15. Dezember 2015.

24 PLANNING POKER® ist eine eingetragene Marke des Unternehmens Mountain Goat Software. Mehr Infos hier: https://www.mountaingoatsoftware.com/

25 Eine echte Fibonacci-Folge lautet wie folgt: 0, 1, 2, 3, 5, 8, 13, 21, 34, 55, 89, 144 ...

26 Mehr dazu findest Du in meinem Buch: Organisieren Sie noch oder leben Sie schon? Zeitmanagement für kreative Chaoten. Campus Verlag 2017, 3. Auflage, S. 205 ff.

27 Eine Analyse zu Deinem bevorzugten Wahrnehmungskanal habe ich als Podcast aufgenommen. Also Stift und Papier holen, Podcast runterladen, anhören und mehr wissen: https://www.gluexx-factory.de/motivation-lob-wahrnehmungskanal/

28 Vgl. Jeffrey K. Liker: Der Toyota-Weg: Erfolgsfaktor Qualitätsmanagement, Finanz-Buch Verlag; 8. Auflage 2006, S. 349 ff.

29 Viele Beispiele findest Du ausführlich beschrieben in meinen Büchern: Geht ja doch! Wie Sie mit 5 Fragen ..., S. 130 ff., in: Organisieren Sie noch oder leben Sie schon?, S. 17 f., und in: Meine GlüXX-Factory, S. 39 ff.

30 Vgl. Kerstin Dämon: Urlaubszeit ist Überstundenzeit. 23.6.2015 In: WirtschaftsWoche online. https://www.wiwo.de/erfolg/beruf/urlaub-urlaubszeit-ist-ueberstundenzeit/11926224.html [9.5.2020]

31 Nicht repräsentative Umfrage unter Arbeitnehmern in Jahr 2019/2020 durch Cordula Nussbaum. Persönliche Befragung von 512 Beschäftigten in Deutschland, Österreich und der Schweiz.

32 Kenneth Blanchard: Der Minuten-Manager und der Klammer-Affe: Wie man lernt, sich nicht zuviel aufzuhalsen. Rowohlt 1990.

33 Hans-Jürgen Kratz: Delegieren. 30 Minuten Reihe. GABAL Verlag, 3. Auflage 2011, S. 75.